中国古代科技成就

中华少年信仰教育读本编写委员会 / 编著

信仰创造英雄 信仰照亮人生

U0207489

中国出版集团有限公司

世界图书出版公司
北京 广州 上海 西安

图书在版编目（CIP）数据

中国古代科技成就 / 中华少年信仰教育读本编写委
员会编著 . — 北京：世界图书出版公司，2016.5（2024.5 重印）
ISBN 978-7-5192-0871-4

Ⅰ. ①中… Ⅱ. ①中… Ⅲ. ①科学技术—技术史—中
国—古代—青少年读物 Ⅳ. ① N092-49

中国版本图书馆 CIP 数据核字（2016）第 051646 号

书　名	中国古代科技成就	
	ZHONGGUO GUDAI KEJI CHENGJIU	

编　　著　中华少年信仰教育读本编写委员会
总 策 划　吴　迪
责任编辑　刘梦娜
特约编辑　滕伟喆

出版发行　世界图书出版有限公司北京分公司
地　　址　北京市东城区朝内大街 137 号
邮　　编　100010
电　　话　010-64033507（总编室）　（售后）0431-80787855　13894825720
网　　址　http：//www.wpcbj.com.cn
邮　　箱　wpcbjst@vip.163.com
销　　售　新华书店及各大平台
印　　刷　北京一鑫印务有限责任公司
开　　本　165 mm×230 mm　1/16
印　　张　11
字　　数　143 千字
版　　次　2016 年 8 月第 1 版
印　　次　2024 年 5 月第 5 次印刷
国际书号　ISBN 978-7-5192-0871-4
定　　价　45.00 元

版权所有　翻印必究
（如发现印装质量问题或侵权线索，请与所购图书销售部门联系或调换）

序 言

信仰是什么？

列夫·托尔斯泰说："信仰是人生的动力。"

诗人惠特曼说："没有信仰，则没有名副其实的品行和生命；没有信仰，则没有名副其实的国土。"

信仰主要是指人们对某种理论、学说、主义或宗教的极度尊崇和信服，并把它作为自己的精神寄托和行动的榜样或指南。信仰在心理上表现为对某种事物或目标的向往、仰慕和追求，在行为上表现为在这种精神力量的支配下去解释、改造自然界和人类社会。

信仰，是一个人在任何时候都不能丢的最宝贵的精神力量。人有信仰，才会有希望、有力量，才会树立正确的价值观，沿着正确的道路前行，而不至于在多元的价值观和纷繁复杂的世界中迷失方向。

信仰一旦形成，会对人类和社会产生长期的影响。青少年是社会的希望和未来的建设者，让他们从普适意识形成之初就接受良好的信仰教育，可以令信仰更具持久性和深刻性，可以使他们在未来立足于社会而不败，亦可以使我们的伟大祖国永远立于世界民族之林。

事实上，信仰教育绝不是抽象的、概念化的教育，现实生活中，我们有无数可以借鉴的素材，它们是具体的、形象的、有形的、活生生的，甚至是有血有肉的。我们中华民族有着几千年的辉煌历史，多少仁人志士只为追求真理、捍卫真理，赴汤蹈火，前仆后继；多少文人骚客只为争取心中的一方净土，只为渴求心灵的自由逍遥，甘于寂寞，成就美名；多少爱国志士只为一个"义"字，不惜抛头颅、洒热血。他们如滚滚长江中的朵朵浪花，翻滚激荡，生生不息，荡人心魄。如果我们能继承和发扬这些精神和信仰，用"道"约束自己的行为，用"德"指导人生的方向，那么我们的文明必将更加灿烂，我们的国运必将更加昌盛。

正基于此，"中华少年信仰教育读本系列丛书"应运而生。除上述内容外，本丛书还收录了中国人民百年来反对外来侵略和压迫，反抗腐朽统治，争取民族独立和解放，前赴后继，浴血奋斗的精神和业绩，尤其是中国共产党领导全国人民为建立新中国而英勇奋斗的崇高精神和光辉业绩；不仅有中国历史上涌现出的著名爱国者、民族英雄、革命先烈和杰出人物，还有新中国成立以后涌现出的许许多多的英雄模范人物。

阅读这套丛书，能帮助青少年树立自己人生的良好的偶像观，能帮助青少年从小立下伟大的志向，能帮助青少年培养最基本的向善心，能帮助青少年自觉调节自己的行为，能帮助青少年锁定努力的方向，能帮助青少年增加行动的信心和勇气。

习近平总书记说："人民有信仰，民族才有希望，国家才有力量。"因此我们有理由相信：少年有信仰，国家必有希望。

中华少年信仰教育读本编写委员会

目
录

農业科技

第一章

最早的人工水利工程

春秋战国时期，粮食生产能力直接决定着一个国家的命运，兴修水利、发展农业是每个国家的重要战略。芍陂就是在这样的历史条件下修建成功的，它是中国最早的人工蓄水灌溉工程，迄今仍在发挥着重要作用。

孙叔敖是春秋战国时期杰出的政治家，楚国名相。他十分热衷水利事业，主张采取各种工程措施。他带领人民大兴水利，修堤筑堰，开沟通渠，发展农业生产和航运事业，为楚国的政治稳定和经济繁荣做出了巨大的贡献。中国最早的蓄水灌溉工程——芍陂就是由他主持修建的。

芍陂位于安丰城（今安徽省寿县境内）附近，是大别山的北麓余脉，东、南、西三面地势较高，北面地势低洼，向淮河倾斜。每逢夏秋雨季，山洪暴发，形成涝灾，雨少时又常常出现旱灾。当时这里是楚国北疆的农业区，粮食生产的好坏，与当地的军需民用有着极为密切的关系。

孙叔敖根据当地的地形特点，组织当地人民修建工程，将东面的积石山、东南面的龙池山和西面的六安龙穴山流下来的溪水汇集于低洼的芍陂之中。修建5个水门，以石质闸门控制水量，"水涨则开门以疏之，水消则闭门以蓄之"，不仅天旱有水灌田，又避免水多洪涝成灾。后来又在西南开了一道子午渠，上通淠河，扩大了芍陂的灌溉水源，使芍陂达到"灌田万顷"的规模。

芍陂建成后，安丰一带每年都能生产出大量的粮食，很快成为楚国的经济要地。楚国变得更加强大，打败了当时实力雄厚的晋国军队，楚庄王也一跃成为"春秋五霸"之一。

300多年后，楚考烈王二十二年（公元前241年），楚国被秦国打败，考烈王便把都城迁到这里，并把寿春改名为郢。这固然是出于军事上的需要，同时也是由于水利奠定了这里的重要经济地位。

芍陂经过历代整治，一直发挥着巨大效益。为感戴孙叔敖的恩德，后代在芍陂等地建祠立碑，称颂和纪念他的历史功绩。

《氾胜之书》：最早的农书

《氾胜之书》是中国最早的一部农书，书中记载的关于成本、支出和利润的计算是有关农业生产成本等核算的最早记录，是战国秦汉时代商品性农业有了一定发展的产物，标志着中国经济思想史上农业经济核算思想的萌芽。

氾胜之，大约生活在公元前1世纪的西汉末期，是古代著名农学家。《氾胜之书》总结了中国古代黄河流域劳动人民的农业生产经验，记述了耕作原则和作物栽培技术，对促进中国农业生产的发展影响深远。

春秋战国时期，以铁器和牛耕的推广为主要标志，中国的农业生产力得到进一步发展。但当时的铁农具以小型的镢、锸、锄之类为多，铁犁数量很少而且形制原始，牛耕并没有得到广泛推广。长期的战争又使新的生产力所包含的能量不能充分发挥出来。

秦朝的统一给生产力的发展创造了有利的条件，但秦的横征暴敛，严重破坏了社会生产。刘邦在楚汉相争中取胜，重新统一了中国，社会进入了一个相对稳定的时期。汉初统治者吸收了秦亡的教训，实行了"休养生息"的政策，重视对农业生产的保护和劝导，社会经济由此获得了恢复和发展。

汉武帝时期，生产力又迈上了一个新的台阶，铁犁牛耕在黄河流域得到了普及，并开始向其他地区推广。农业生产获得全方位的发展，商品经济也呈现出一片繁荣景象。农业生产力的空前发展，为农业科技的发展提供了新的经验和新的基础。《氾胜之书》正是在这新的基础上对新的经验所做的新的总结。

在战国秦汉农业经济的发展中，关中地区一直处于领先的地位。氾胜之在关中地区负责劝农工作，从而有机会接触和了解当时最先进的农业生产技术。

自战国以后，黄河流域进入大规模开发的新阶段，耕地大为扩展，沟洫农田逐渐废弃，干旱成为农业生产中的主要威胁。在关中地区，更是如此。这里降水量不多，分布又不均匀，旱涝交替发生，尤其以旱的威胁最大。灌溉工程虽有较大发展，但旱地毕竟是大多数，需要尽可能地接纳和保持天然的降水，包括每年西北季风送来的冬雪。这种自然条件在很大程度上制约着农业技术发展的方向。

氾胜之生活的时代，一些因素也对农业生产和农业科技提出了新的问题和新的要求。一是人口的迅速增加。据《汉书·地理志》所载，汉平帝年间在籍民户为1200多万，人口数为5900多万，这是汉代人口的最高峰，对粮食的需求量也因此加大。二是西汉中期以后，土地兼并日益发展，大量农民丧失土地，成为流民。汉朝统治者面临着如何安置无地或少地农民，稳定和发展农业生产的问题。

在这样的背景下，《氾胜之书》出现了。

《汉书·艺文志》收录"《氾胜之》十八篇"，《氾胜之书》是后世的通称。

《氾胜之书》所反映的农业生产技术包括以下几方面：

1. 应用综合栽培技术。农作物的生产是多种因素的综合，是各种栽培技术的综合，要注意6个不可分割的基本环节：趣时（不误农时，与气候时令同步），和土（土壤疏松，有良好的结构），务粪（施肥），泽（灌溉），早锄（及时锄草），早获（及时收获）。

2. 不同作物必须有不同的栽培方法，不能千篇一律。书中讲了粮食、衣着原料、饲料等12种作物的栽培方法，每种作物的栽培方法都不相同。自整地、播种直到收获的各个环节都有记述，作物的生长方式不同，因此栽培技术自然也不同。

3. 区种法的发明。区种法是一种高产栽培方法，主要是依靠肥料的力量，不一定非要好田。即使在高山、丘陵上，在城郊的陡坡、土堆、城墙上都可以做成好田。

4. 通过整地和土保墒，改良土壤。要求整地提前进行，春种地要进行秋耕和春耕，秋种地要进行夏耕，使整个耕作层有良好的土壤结构。为了防旱保墒，要特别注意选择耕地的时间，避免秋冬干耕，春冻未解就早耕，冬季要积雪保雪。书中还提到耕完之后，要让耕地长草，然后再耕一次，将草埋在地下。这种做法正是应用绿肥的开端。

5. 选种留种技术。氾胜之已认识到母强子良、母弱子病的种苗关系。有好种才有好苗，有好苗才能高产。为了获得良种，必须选种。选种的标准是生长健壮，穗形相同，籽粒饱满，成熟一致。

6. 施肥技术。施肥是为了供给作物生长的养分，改善作物所需要的土壤条件，又将肥料分作基肥、种肥、追肥和特殊的溲种法等。

7.中耕除草与嫁接技术。中耕除草有 4 个作用：间苗、防冻、保墒、增产。氾胜之以种瓠（一种葫芦）为例，记述了西汉的嫁接技术。当瓠苗长到 2 尺多长时，便把 10 根茎蔓捆在一起，用布缠绕 5 寸长，外面用泥封固。不过 10 日，缠绕的地方便合为一茎，然后选出一根最强壮的茎蔓让它继续生长，把其余 9 根茎蔓掐去，这样结出的瓠又大又好。

8.轮作、间作与混作。氾胜之记述了西汉农作物的轮作、间作与混作技术。农谷子收获以后种小麦，瓜田里种韭菜、小豆，黍与桑苗混播。这些技术的采用，提高了土地利用率，达到了增产、增收的目的。

《氾胜之书》记载的农业科技成就，显示了秦及西汉时期的农业科学技术水平。

《四民月令》

《四民月令》成书于 2 世纪中期，是自《氾胜之书》到《齐民要术》出现的 500 多年间唯一的一部农业生产书籍，它反映了当时农业发展的状况，为东汉后期的农业研究提供了重要线索。

崔寔（103—107 年），字子真，又名台，涿郡安平（今河北安平）人，东汉后期著名的农学家、政论家。崔寔出身于名门。青年时代的崔寔性格内向，爱读书。成年后，在桓帝时曾两次被朝廷召拜为议郎，在东观皇家图书馆工作，和诸儒博士一起杂定"五经"。

崔寔曾出任五原（今内蒙古自治区河套北部和达尔罕茂明安联合旗西部地区）太守。当时，五原地方比较落后，虽然该地土壤适宜种植麻等纤维作物，但民间却没有纺织技术。老百姓冬天没有衣服穿就睡在草窝中，晋见地方官吏时就穿着稻草做的衣服。崔寔到五原后，从雁门、广武请来了织师，教给当地人民纺、绩、织、纴的技巧，解决了老百姓的穿衣问题。

由于政绩卓著，几年后崔寔被举荐为辽东太守。后来，崔寔又被升为尚书，由于党祸，不到一年就被免归了。崔寔为官清正廉明，死的时候家徒四壁，最后还是由一些好友为他备办的棺木葬具。

崔寔根据多年的亲身体验深刻认识到：农业生产及以农业生产为基础的工商业经营，都必须考虑农作物的生长季节性，加以合理、妥善安排才可获得较多收益。因此他把前人和自己所积累的新旧经验，加以总结，按月安排，写成一本四时经营的备忘录形式的手册，即《四民月令》。

崔寔一生几乎与桓帝朝（147—167年）相始终。东汉政治经、济陷入衰亡，地主阶级经战国、秦和西汉，发展到东汉，出现世家地主。世家地主除拥有田园、苑囿，庄园内聚族而居，宗族首脑、长者称为"家长"，是庄园内统治的核心。他编写的《四民月令》，讲述的正是东汉晚期一个拥有相当数量田产的世族地主庄园，一年12个月的家庭事务的计划安排。

四民是指士、农、工、商，这个概念在春秋时就已出现；月令是一种文章体裁，现存《礼记》中有一篇月令，记述每年夏历12个月的时令及政府执行的祭祀礼仪、职务、法令、禁令等，并把其归纳在五行相生的系统中。《四民月令》现存部分的文体与月令相似。

《四民月令》是叙述一年例行农事活动的专书，叙述田庄从正月直到十二月中的农业活动。现存版本共有两千多字，与狭义农业操作有关的共522字，占总字数的22%，再加上养蚕、纺织、织染以及食品加工和酿造等项合计也不到40%。其他如教育、处理社会关系、制药、冠子、纳妇和卫生等约占60%以上。

《四民月令》中所述的生产规模大多已超出小农经济的规模，

只有官宦之家的田庄才可体验上述的生产。从其记述可以看出东汉时洛阳地区农业生产和农业技术的发展状况，当时以农业占优，重视蚕桑，畜牧业仅从属农业，蔬菜以荤腥调味类较多。

《四民月令》还最先记述了中国水稻移栽和树木的压条繁殖方法。其中农业经济除自给自足外，还有利用价格的涨落，进行粮食、丝绵和丝织品等的买卖活动。

《齐民要术》

《齐民要术》是北魏时期贾思勰所著的一部综合性农书。它的内容极其丰富，系统地总结了黄河中、下游地区北魏和北魏以前农业生产技术，初步建立了农业科学体系，是中国乃至世界上保存下来的最早的一部农业科学著作。

贾思勰，北魏时期益都（今属山东省寿光）人，曾经做过高阳郡（今山东临淄）太守，是古代杰出的农学家。

东魏武定二年（公元544年），贾思勰写成了农业科学技术巨著《齐民要术》。它的问世并不是偶然的，而是有一定的时代背景和客观条件为基础的。北魏之前，中国北方处于长期的分裂割据局面，后来鲜卑族的拓跋氏建立了北魏政权并逐步统一了北方地区，社会秩序逐渐稳定，社会经济也逐渐恢复，得到发展。北魏孝文帝在社会经济方面实施了一系列改革，加快了农业生产的发展。但当时的农业生产还没有达到很高的水平，有待于得到进一步的提高。

贾思勰认为农业科技水平的高低关系到国家是否富强，于是萌生了撰写农书的想法。他为官期间，到过山东、河北、河南等许多地方。他非常重视农业生产，曾经亲自从事农业生产实践，进行各种实验，饲养牲畜，栽种粮食。贾思勰不但注重亲身实践，而且善于向经验丰富的老农学习，从而积累了许多农业生产方面的知识。

《齐民要术》是贾思勰在总结前人经验的基础上，结合自己从富有经验的老农当中获得的生产知识以及对农业生产的亲身实践与体验，认真分析、系统整理、概括总结而完成的，对中国古代农学的发展有重大的影响。

《齐民要术》书名中的"齐民"指平民百姓，"要术"指谋生方法。全书共92篇，分成10卷，正文大约7万字，注释4万多字，共11万多字。此外，书中还有《自序》和《杂说》各一篇。书中介绍了农作物、蔬菜和果树的栽培方法，各种经济林木的生产，野生植物的利用，家畜、家禽、鱼、蚕的饲养和疾病的防治，农、副、畜产品的加工，酿造和食品加工，以及文具、日用品的生产，等等，几乎对所有农业生产活动都做了比较详细的论述。

贾思勰在书中初步提示了生物和环境的相互联系，描述了生物遗传和变异的关系问题。他介绍了许多改变旧的遗传性、创造新品种的经验，涉及人工选择、人工杂交和定向培育等育种原理，其中很多经验和论点对于今天指导农业生产仍有现实意义。进化论的创立者——达尔文说，他的人工选择思想是从"一部中国古代的百科全书"得到启发的。从达尔文所引述的内容看，这部书就是《齐民要术》。

《齐民要术》用很多篇幅介绍了蔬菜种植、果树和林木的扦插、压条和嫁接等育苗方法，以及幼树抚育方面的技术。在植物保护方面，提出了一些防治病虫害的措施，还记述了当时果农熏烟防霜害的方法。

另外，《齐民要术》总结了中国6世纪以前家畜家禽的饲养经验，并搜集记载了兽医处方48例，涉及外科、内科、传染病、寄生虫病等方面。书中还有独特的制曲、酿酒、制酱、作醋、煮饧（糖稀）以及食品保存和加工工艺的翔实记录，其中许多是现存最早的资料。

曲辕犁

耕犁是重要的农业生产工具，曲辕犁的出现在中国农具史上具有非常重大的意义。曲辕犁结构完备，轻便省力，是当时先进的耕犁，是耕犁发展到唐代的一次重大突破。从此以后，曲辕犁就成为耕犁的主流。历经宋、元、明、清各代，耕犁的结构都没有明显的变化。

曲辕犁最早出现于唐代后期的江东地区，所以又称江东犁。它的出现是中国耕作农具成熟的标志。

汉代耕犁已基本定形，但汉代的犁是长直辕犁，耕地时回头转弯不够灵活，起土费力，效率不高。唐代曲辕犁的广泛推广，使中国在耕地农具方面达到了鼎盛时期，在技术上足足领先欧洲近两千年。

根据唐朝末年著名文学家陆龟蒙《耒耜经》记载，曲辕犁由 11 个部件组成，即犁铧、犁壁、犁底、压镵、策额、犁箭、犁辕、犁梢、犁评、犁建和犁盘。犁铧用以起土，犁壁用于翻土，犁底和压镵用以固定犁头，策额保护犁壁，犁箭和犁评用以调节耕地深浅，犁梢控制宽窄，犁辕短而弯曲，犁盘可以转动。整个犁具有结构合理、使用轻便、回转灵活等特点，它的出现标志着传统的中国犁已基本定型。

曲辕犁的主要优点是：其一，直辕犁牲畜的牵引力与犁尖不在一条水平线上，产生逆时针方向的力矩。为了平衡这个力矩，农夫需要付出力。曲辕犁减少了农夫的体力消耗。其二，直辕犁受力点高，曲辕犁受力点低，由力的分解平行四边形法则得知，曲辕犁受到的向上分力比

直辕犁大。这样可以使曲辕犁所受的摩擦阻力减小，可以更充分利用畜力。

曲辕犁是中华民族劳动人民智慧的结晶，为中国农业的发展和世界农业技术的提升做出了重大贡献。

曲辕犁不仅有精巧的设计，还符合一定的美学规律，有一定的审美价值。其美学价值体现在三方面。

一、均衡与稳定

从曲辕犁造型来看，以策额为中线，左右两边保持等量不等形的均衡；从色彩上来看，木材和铁的颜色都是冷色，可以达到视觉上的均衡。

稳定主要表现在实际稳定和视觉稳定两方面。从造型上看，下面的犁壁、犁底、压镜，体积、质量较大，重心偏下，稳定性极强，这是实际稳定；从视觉平衡上看，犁架为木材，下面的犁铧为铁制，从而给人以重心下移的感觉，有很强的视觉稳定感。

二、变化与统一

曲辕犁造型以直线型为主，给人以硬朗稳定的感觉；但犁辕和犁梢的曲线又使造型富有变化，给人以动态的感觉，起对比和烘托作用。曲辕犁以木材为主，而铁质的犁铧与木质的犁架形成了对比，这就是在统一中求变化。

三、比例与尺度

曲辕犁的犁辕长度与犁架的比例符合审美要求。犁铧本身也有一定的长宽比例，并与犁架的比例相统一、相和谐。

尺度是在满足基本功能的同时，以人的身高尺寸作为量度标准的，其选择应符合人机关系，以人为本。犁铧的尺度由耕地的深度、宽度来确定，满足了基本的功能需求。犁梢的长度符合人机尺寸，缓解了农民耕作的疲劳。

曲辕犁反映了中华民族的创造力，具有重大的历史意义和社会意义。在当代农具设计中，曲辕犁仍有着很好的借鉴意义。

《王祯农书》

《王祯农书》是王祯用了 17 年的时间撰写而成，它对中国农业生产经验进行了总结，兼论北方农业技术和南方农业技术，是一部从全国范围内对整个农业进行系统研究的巨著，在中国古代农学遗产中占有重要地位。

王祯，字伯善，元代东平（今山东东平）人，曾任宣州旌德县令。为官期间，他生活俭朴，捐俸给地方上兴办学校，修建桥梁、道路，施舍医药，给百姓做了很多实事。时人都称赞他"惠民有为"。

王祯继承了传统的"农本"思想，认为国家从中央到地方政府的首要政事就是抓农业生产。他为官时，劝农工作取得很大成效。自古以来，农民一向采取靠天吃饭的耕作方式。王祯认为这让农业停滞不前，因而积极提倡农桑，并为中国的农业做出重大贡献。

王祯发明了绿肥。其方法是将大堆青草沤烂，然后当作肥料施到田里，农作物长得非常茂盛，农民争相效仿。他还发明了伟大的农业工具——水碾车。水碾车的工作原理是利用水力冲击水轮，让它产生动力，将水从低处引至高处。之后，王祯又将水碾车改良成可以一边引水，一边碾米，磨面和舂谷的农业机械——水轮三事。这项发明把农民从繁重的体力劳动里解放出来，大幅度减轻了工作量。

《王祯农书》完成于公元 1313 年。全书正文共计 37 集，371目，约 13 万余字，分"农桑通诀""百谷谱""农器图谱"三部分，最后所附"杂录"包括了两篇与农业生产关系不大的"法制长生屋"和"造活字印书法"。

王祯是山东人，在安徽、江西两省做过地方官，又到过江浙一带，每到一地，王祯都深入农村做实地观察。因此，《王祯农书》

时时兼顾到南北间的差别，又常把几种作用相同、形制相异的农具放在一起加以叙述，促进了南北间农业技术的交流。

《王祯农书》在前人著作基础上，第一次对所谓的广义农业生产知识做了较全面系统的论述，提出中国农学的传统体系，明确表明广义农业包括粮食作物、蚕桑、畜牧、园艺、林业、渔业。

从整体性和系统性来看，《王祯农书》中的"农桑通诀"相当于农业总论，首先对农业、牛耕、养蚕的历史渊源做了概述，其次论述农业生产根本关键所在的时宜、地宜问题，最后论述开垦、土壤、耕种、施肥、水利灌溉、田间管理和收获等农业操作的共同基本原则和措施。

"百谷谱"很像栽培各论，先将农作物分成若干属（类），然后一一列举各属（类）的具体作物。分类虽不尽科学，更不能与现代分类相比，但已具有农作物分类学的雏形。

"农器图谱"是全书重点所在。中国传统农具到宋、元时期已发展到成熟阶段，种类齐全，形制多样。王祯不仅搜罗和形象地描绘记载了当时通行的农具，还将古代已失传的农具经过考订研究后，绘出了复原图。

在"农桑通诀""百谷谱""农器图谱"三部分之间，王祯也相互照顾和注意各部分的内部联系。同时根据南北地区和条件的不同区别对待，既照顾了一般性，又重视了特殊性。

扁鹊的望闻问切四诊法

望闻问切四诊法是战国时期著名医学家扁鹊在总结前人经验的基础上提出的，直到现在依然被普遍使用，是中医辨证施治的重要依据。

扁鹊，传说是黄帝时代的名医。由于战国时期秦越人医道高明，为百姓治好了许多疾病，赵国百姓送给他"扁鹊"的称号。

先秦时期，巫术有一定市场，并且已经成为医学发展的绊脚石。扁鹊对巫术深恶痛绝，认为医术和巫术势不两立，被尊为医祖。

扁鹊在诊视疾病中，已经应用了中医全面的诊断技术，即后来中医总结的四诊：望诊、闻诊、问诊和切诊。当时扁鹊称之为望色、听声、写影和切脉。他精于望色，通过望色判断病征及其病程演变和预后（指预测疾病的可能病程和结局）。扁鹊的切脉诊断法也很突出，具有较高水平。先秦时期，中医的脉诊是三部九候诊法，即在诊病时，须按切全身包括头颈部、上肢、下肢及躯体的脉。

有一次，扁鹊路过虢国，见到那里的百姓都在为太子祈福消灾。问过后得知太子死了已有半日了。扁鹊通过脉诊判断太子患的是晕倒不省人事的"尸蹶"。他认为患者的阴阳脉失调，阳脉下陷，阴脉上冲，也即阴阳脉不调和，导致全身脉象出现紊乱，所以表现如死状。其实，患者并未真正死亡。除脉诊外，他还观察到患者鼻翼微动。结合切摸，他发现两大腿的体表仍然温暖，因而敢于做这样的判断。扁鹊是中国历史上最早应用脉诊来判断疾病的医生，并且提出了相应的脉诊理论。

在中医的诊断方法里，望诊在四诊中居于首位，十分重要，也十分深奥，要达到一望即知的神奇能力更是非同寻常。扁鹊的望诊技术已达到了出神入化的境地，真是"望而知之谓之神"的神医了。

一次，扁鹊来到了蔡国，蔡桓公知道他声望很大，便宴请扁鹊。扁鹊见到蔡桓公以后说："君王有病，就在肌肤之间，不治会加重的。"蔡桓公认为扁鹊乱下妄言，很不高兴。五天后，扁鹊再去见他，说道："大王的病已到了血脉，不治会加深的。"蔡桓公仍不信，更加不悦了。又过了五天，扁鹊又见到蔡桓公时说："病已到肠胃，不治会更重。"蔡桓公十分生气，他不喜欢别人说他有病。

又过去了五天，这次，扁鹊一见到蔡桓公，就赶快避开了。蔡桓公十分纳闷，就派人去问。扁鹊说："病在肌肤之间时，可用熨药治愈；在血脉，可用针灸的方法达到治疗效果；在肠胃里时，用药剂也能医治；可病到了骨髓，就无法治疗了。现在大王的病已在骨髓，我无能为力了。"

果然，五天后，蔡桓公身患重病，忙派人去找扁鹊，而扁鹊早已经走了。不久，蔡桓公就死了。

中医第一经典：《黄帝内经》

《黄帝内经》是中国传统医学四大经典著作之一，也是第一部冠以中华民族先祖"黄帝"之名的传世巨著，是中国医学宝库中成书最早的医学典籍，是中国医药学发展的理论基础和源泉。

《黄帝内经》为古代医者托黄帝之名所做，简称《内经》。据考证，《内经》不是一个时代、一个地方的医学成就，主要内容形成于战国时期，并自秦汉以来代有补充，将其汇编成书的时间可能在公元前1世纪的西汉中后期。

《内经》分为"素问"和"灵枢"两部分。每部各81篇，共162篇。两部分内容各有侧重，又紧密相连，浑然一体。"素问"的含义有多种说法，大多数学者认为，"素问"是把黄帝与岐伯等医学家平素互相问答的内容记录下来整理成篇而得名，这一说法比较合情合理。"灵枢"是"素问"不可分割的姊妹篇，其含义有分歧，明代医学家张介宾说："神灵之躯要，是谓灵枢。"即生命的枢纽。

《内经》基本精神及主要内容包括整体观念、阴阳五行、藏象经络、病因病机、诊法治则、预防养生和运气学说，等等。

"整体观念"强调人体本身与自然界是一个整体，同时人体结构和各个部分都是彼此联系的。"阴阳五行"是用来说明事物之间对立统一关系的理论。"藏象经络"是以研究人体五脏六腑、十二经脉、奇经八脉等生理功能、病理变化及相互关系为主要内容的。"病因病机"阐述了各种致病因素作用于人体后是否发病以及疾病发生和变化的内在机理。"诊法治则"是中医认识和治疗疾病的基本原则。"预防养生"系统地阐述了中医的养生学说，是养生防病经验的重要总结。"运气学说"研究自然界气候对人体生理、病理的影响，并以此为依据，指导人们趋利避害。

《内经》全面总结了秦汉以前的医学成就，标志着中国医学发展到理论总结阶段，在中国医学上有很高地位。它的成就可以用3个"第一"来概括。

1.《内经》是第一部中医理论经典。人类出现以后，就有疾病，自然就有各种医治的方法，所以医疗技术的形成远远早于《内经》。但中医学作为一个学术体系的形成，却是从《内经》开始的。这部著作第一次系统讲述了人的生理、病理、疾病、治疗的原则和方法，被公认为中医学的奠基之作。

2.《内经》是第一部养生宝典。书中讲到了怎样治病，但更重要的讲的是怎样不得病，怎样使我们在不吃药的情况下健康长寿。

3.《内经》是第一部关于生命的百科全书。《内经》以生命为中心，里面讲了医学、天文学、地理学、心理学、社会学，还有哲学、历史等，是一部围绕生命问题展开的百科全书。"经"，即为经典的意思，中国古代有三大以"经"命名的奇书：第一部是《易经》，第二部是《道德经》，第三部就是《内经》。中国国学的核心是生命哲学，《黄帝内经》就是以黄帝的名字命名的、影响最大的国学经典。

最早的医药学名著：《神农本草经》

《神农本草经》是中国现存最早的药物学专著，是早期临床用药经验的第一次系统总结，被誉为中药学的经典著作。直至今日，仍然是中医药学的重要理论支柱，也是医学工作者案头必备的工具书之一。

在古代中国，大部分药物是植物药，"本草"就成了它们的代名词。《神农本草经》借用神农遍尝百草这个妇孺皆知的传说，将神农冠于书名之首，是出于托名古代圣贤的意图。

《神农本草经》简称《本草经》或《本经》，是中国现存最早的药物学专著，成书于东汉，并非出自一时一人之手，而是秦汉时期众多医学家总结、搜集、整理当时药物学经验而成，是对中国中草药的第一次系统总结。

全书分3卷，共收载药物365种，其中植物药252种，动物药67种，矿物药46种。书中叙述了各种药物的名称、性味、有毒无毒、功效主治、别名、生长环境、采集时节，以及部分药物的质量标准、炮炙、真伪鉴别等，所载主治症包括了内、外、妇、儿、五官等各科疾病170多种，并根据养命、养性、治病三类功效将药物分为上、中、下三品。上品120种为君，无毒，主养命，多服久服不伤人，如人参、阿胶；中品120种为臣，无毒或有毒，主养性，具补养及治疗疾病之功效，如鹿茸、红花；下品125种为佐使，多有毒，不可久服，多为除寒热、破积聚的药物，主治病，如附子、大黄。书中有200多种药物至今仍常用，其中有158种被收入1977年版的《中华人民共和国药典》。

《本经》依循《内经》提出的君臣佐使的组方原则，也将药物以朝中的君臣地位为例，来表明其主次关系和配伍的法则。《本经》对药物性味也有了详尽的描述，指出寒、热、温、凉四气，以及酸、苦、甘、辛、咸五味是药物的基本性情，可针对疾病的寒、热、湿、燥性质的不同选择用药。寒病选热药；热病选寒药；湿病选温燥之品；燥病须凉润之流，相互配伍，并参考五行生克的关系，对药物的归经、走势、升降、浮沉都很了解，才能选药组方，配伍用药。

药物之间的相互关系也是药学一大关键，《本经》提出的"七情和合"原则在几千年的用药实践中发挥了巨大作用。药物之间，有的共同使用就能相互辅佐，发挥更大的功效，有的甚至比各自单独使用的效果强上数倍；有的两药相遇则一方会减小另一方的药性，难以发挥作用；有的药可以减去另一种药物的毒性，常在炮制毒性药时或者在方中制约一种药的毒性时使用；有的两种药品本身均无毒，但相遇则会产生很大的毒性，损害身体，等等。

书中对于药物性质的定位和功能主治的描述十分准确，其中规定的大部分药物学理论和配伍规则，到今天仍是中医药学的重要理论支柱。对于现代的中医临床，其论述仍旧具有十分稳固的权威性。

由于历史和时代的局限，《本经》也存在一些缺陷，为了附会一年365日，书中收载的药物仅365种，而当时人们认识和使用的药物已远远不止这些。这365种药物被分为上、中、下三品，以应天、地、人三界，既不能反映药性，又不便于临床使用，这些明显地受到了天人合一思想的影响，而且在神仙不死观念的主导下，收入了服石、炼丹、修仙等内容，并把一些剧毒的矿物药如雄黄、水银等列为上品之首，认为长期服用有延年益寿的功效。这显然是荒谬的。

此外，《本经》很少涉及药物的具体产地、采收时间、炮制方法、品种鉴定等内容，这一缺陷直到《本草经集注》问世才得以克服。

玄而又玄的《脉经》

《脉经》总结发展了西晋以前的脉学经验，使脉学正式成为中医诊断疾病的一门科学。《脉经》是中国医学第一部完整而系统的脉学专著，时至今日仍然是中国医学界培养中医人才的基本教材。它不仅推动了中国医学的发展，而且对世界医学的发展具有非常重要的作用。

王叔和（201—280年），名熙，高平（今山东微山县）人，魏晋之际的著名医学家、医书编纂家。王叔和幼年时代是在缺衣少食的贫寒中度过的。严酷的现实生活使他从小就养成了勤奋好学、谦虚沉静的性格。他特别喜爱医学，读了不少古代医学典籍，并渐渐学会了诊脉治病的医术。

　　王叔和刚开始行医的时候，因为家境贫穷，衣衫破旧，常被人瞧不起。他只好背着药箱四处流浪，过着食宿无着的行医生活。后来因他对脉学极为精通，慢慢治好了许多疑难病人，请他看病的人越来越多，名声越来越大，逐渐传遍了整个洛阳城。32岁那年，王叔和被选为魏国少府的太医令。魏国少府中藏有大量历代著名医典和医书，存有许多历代的经验良方。王叔和利用当太医令的有利条件，阅读了大量的药学著作，为他攀登医学高峰奠定了坚实的基础。

　　脉学在中国起源很早，战国时期的扁鹊就常用切脉方法诊断疾病。切脉是"望闻问切"四诊中重要的组成部分，但在当时却没有受到重视。有一些医生缺乏脉学知识的掌握，或者不大讲究脉学，致使临床诊断不明，给病患者的生命带来极大的危险。

　　为了使医生在治疗过程中能正确应用脉诊诊断，急需有一本脉学专著。王叔和经过几十年的精心研究，在吸收扁鹊、华佗、张仲景等古代著名医学家的脉诊理论学说的基础上，结合自己长期的临床实践经验，终于写成了中国第一部完整而系统的脉学专著——《脉经》。

　　《脉经》共10万多字，10卷，98篇，是中国医学的一部极其重要的著作。

　　诊脉是中医学的独特诊断方法，脉象也在诊断中有着非常重要的参考意义。在《脉经》中，王叔和对脉学的描述和阐释深刻而细致，可见他对于脉学的造诣之深。

王叔和将脉象分为24种，其中对于每种脉在医生指下的特点、代表病征等，都描述得十分贴切。各种脉象归纳为浮、芤、洪、滑、数、促、弦、紧、沉、伏、革、实、微、涩、细、软、弱、虚、散、缓、迟、结、代、动，共24种，并分别加以排列，用形象的语言分别做了简明的注释。此后历代医学家虽然发展为26、27、28、30、32脉，但常见的基本体象，都没有超出这本书的范围。

古时诊脉是诊三部九候的，就是人迎（气管双侧的颈动脉）、寸口（手臂外桡侧动脉）、趺阳（足背动脉）3部，每部3候脉共9候，诊疗时过程烦琐，患者还要解衣脱袜，很不方便。王叔和将诊脉法归纳整理，又大胆创新，发明了"独取寸口"的寸口脉诊断法，只需察看双侧的寸口脉，就可以准确地知晓人身的整体状况。

这一重大的改革，是在对于医理深刻地推衍之后才有可能做到的一种创新。丰厚的医学知识和大量的临床经验才是革新的根本，这种方法至今仍在沿用。

另外，王叔和还强调诊脉时要注重患者的年龄、性别、身高、体型、性格等不同因素，不可一成不变，不能脱离实际情况。

《伤寒杂病论》

《伤寒杂病论》是中国医学方书的鼻祖，是中国医学史上影响最大的古典医著之一。这部著作创造了3个世界第一。首次记载了人工呼吸、药物灌肠和胆道蛔虫治疗方法，发展并确立了中医辨证论治的基本法则，在整个世界都有着深远影响。

张仲景，名机，字仲景，东汉末年著名医学家，被人称为"医中之圣，方中之祖"。张仲景生活在一个天下乱离、兵戈扰攘的时代，他看到腐朽的政治局面，加上疫病流行，自己宗族中的人多死亡于疫病，于是抛弃仕途，开始发愤钻研医学，拜同乡张伯祖为老师。张仲景在几十年的行医生涯中不断探索，医术精益求精，最终写成中国最早的理论联系实际的临床诊疗专书——《伤寒杂病论》。

张仲景所撰的《伤寒杂病论》有16卷，后经晋代王叔和整理，将其中有关伤寒症治等原文重新编纂。北宋治平二年（公元1065年）复经校正医书局孙奇、林亿等加以校订，成为当时《伤寒杂病论》通行本。其内容大致包括辨伤寒太阳病、阳明病、少阳病、太阴病、少阴病、厥阴病脉证并治，以及"平脉法""辨脉法""伤寒例"（多数学者认为这三篇是王叔和编写，并非张仲景手撰）、辨痉湿暍、辨霍乱病、辨阴阳易差后劳复脉证并治等；还介绍了汗、吐、下等治法的应用范围及其禁忌。

全书以辨六经病脉证和治疗为主体内容，记述了113方（其中禹余粮丸单有六名，故实缺一方）。内容以六经辨证为纲，方剂辨证为法。其代表性的治疗方剂则有桂枝汤、麻黄汤、白虎汤、承气汤、柴胡汤、四逆汤、真武汤、理中丸、乌梅丸等方，并列述了各方的方药组成、用法及主治病症。

在治法上，以内服方法为主。从方药治疗的药性分析，已概括了汗、吐、下、和、温、清、补、消八法，或单用，或数法结合应用，或分阶段论治，方治灵活而法度谨严。张仲景所博采或个人拟制的方剂精于选药、讲究配伍、主治明确、效验卓著，被后世尊之为"经方"，又被誉为"众方之祖"。这些方剂经过千百年临床验证，为中医方剂治疗提供了发展的基础。

在医学上，医生了解病情的时候，首先要问病人有些什么症状，比如头疼、发热、怕冷、咳嗽等，观察病人的表情，还要按一下病人的脉搏，这一系列的症状称作症候群。综合在一起的症候群，中医就称它为"证"。通过对"证"的仔细辨别，就可以讨论治疗，然后处方用药。这样的全过程，叫作"辨证论治"。

张仲景的《伤寒杂病论》确立了辨证论治的原则。

有一次，有两个病人同时来找张仲景看病。经过询问，得知都头痛、发烧、咳嗽、鼻塞。张仲景给他们切脉后确诊为感冒，给他们开了剂量相同的麻黄汤，发汗解热。

第二天，一个病人服药后，出了一身大汗，感冒比昨天还加重了；另外一个病人同样出了一身大汗，病却好了很多。

张仲景觉得很奇怪，同样的病，服同样的药，结果为什么如此不同呢？他仔细回忆昨天诊疗时的情景，忽然想起在给第一个病人切脉时，病人手腕上有汗，脉也较弱，而第二个病人手腕上没有汗。想到这里，张仲景恍然大悟。病人本来就有汗，再服下汗的药，会使病人更加虚弱，不但治不好病，反而会加重病情。张仲景立刻改变治疗方法，给病人重新开方抓药，病人的病情很快得到了好转。

这件事给张仲景留下了深刻的教训：同样的病情，表征不同，治疗方法也应不同。治疗时采取哪种治疗方法需要医生根据实际情况运用，不能一成不变。

麻沸散与五禽戏

中国的医学到了汉代已经有了很多辉煌的成就。华佗继承了前人的优秀学术成果，在总结前人经验的基础上，创立新说。华佗是中国医学史上杰出的外科医生之一，首创用全身麻醉法实行外科手术，被后世尊为"外科鼻祖"。

华佗，字元化，沛国谯（今安徽亳州）人，是东汉末年著名医学家。少时曾在外游学，钻研医术而不求仕途。他医术全面，精通内、妇、儿、针灸各科，尤其擅长外科，精于手术，被后人称为"外科圣手""外科鼻祖"。

华佗在针术和灸法上造诣很深。他每次在使用灸法的时候，不过取一两个穴位，灸上七八壮，病人的病就好了。用针刺治疗时，也只针一两个穴位，告诉病人针感会达到什么地方，然后针感到了他说过的地方后，病人就说"已到"，他就拔出针来，病人的病也就立即好了。

如果有病邪郁结在体内，针药都不能直接达到，他就采用外科手术的方法祛除病患。他所使用的"麻沸散"是世界上最早的麻醉剂。华佗采用酒服"麻沸散"施行腹部手术，开创了全身麻醉手术的先例。这种全身麻醉手术，在中国医学史上是空前的，在世界医学史上也是罕见的创举。

利用某些具有麻醉性能的药品作为麻醉剂，在华佗之前就有人使用。不过，他们或者用于战争，或者用于暗杀，并没有真正用于医学方面。华佗总结了这方面的经验，又观察了人醉酒时的沉睡状态，发明了酒服麻沸散的麻醉术，正式用于医学，从而大大提高了外科手术的技术和疗效，并扩大了手术治疗的范围。

他治病碰到那些用针灸、汤药不能治愈的腹疾病，就叫病人先用酒冲服麻沸散，等到病人麻醉后没有知觉了，就剖破腹背，割掉发病的部位。如果病在肠胃，就割开洗涤，然后加以缝合，敷上药膏。四五天伤口愈合，一个月左右，病就全好了。他的外科手术，得到历代的推崇。

五禽戏，又称五禽操、五禽气功、百步汗戏等，是华佗在观察了很多动物之后，以模仿虎、鹿、猿、熊、鹤（鸟）五种动物的形态和神态，达到舒展筋骨、畅通经脉的一种健身方法。盛行的太极等传统健身方式，最初就源于五禽戏。

练五禽戏时要做到动作、外形、神气都要像五禽。如练虎戏时，要表现出威猛的神态，目光炯炯，摇头摆尾，扑按搏斗等，有助于强壮体力。练鹿戏时，要仿效鹿那样心静体松，姿势舒展，要把鹿的探身、仰脖、缩颈、奔跑、回首等神态表现出来。鹿戏有助于舒展筋骨。练熊戏时，要像熊那样浑厚沉稳，表现出撼运、抗靠、步行时的神态。熊外形笨重，走路软塌塌，实际上在沉稳之中又富有轻灵。练猿戏时，要仿效猿猴那样敏捷好动，要表现出纵山跳涧、攀树蹬枝、摘桃献果的神态。猿戏有助于发展灵活性。练鸟戏要表现出亮翅、轻翔、落雁、独立等动作神态。鸟戏有助于增强肺呼吸功能，调达气血，疏通经络。

常做五禽戏可以使手足灵活，血脉通畅，还能防治疾病。华佗的学生赵普就是用这种方法强身健体，到了90岁还是耳聪目明，齿发坚固。现代医学研究也证明，作为一种医疗体操，五禽戏不仅使人体的肌肉和关节得以舒展，而且有益于提高肺与心脏功能，改善心肌供氧量，提高心肌排血力，促进组织器官的正常发育。五禽戏巧妙地把动物的肢体运动与人体的呼吸吐纳予以有机结合，使道家的"熊经鸟伸"之术（《庄五禽戏子》）发展为一套具有民族特色的传统保健养生功法。作为中国最早的具有完整功法的仿生医疗健身体操，五禽戏对后世的导引、八段锦，乃至气功、武术有一定影响，不仅得以流传和发展，而且成为历代宫廷重视的体育运动之一。

《肘后备急方》

葛洪可谓是早期的化学家，他在炼制丹药的过程中，发现了化学反应的可逆性，并且炼制出一些外用药物的原料。在世界医学历史上第一次记载了天花和恙虫病这两种传染病，开拓了医学上的新领域，在临床急症医学方面做出了突出的贡献。

在封建社会里，贵族官僚为了永远享受骄奢淫逸的生活，开始沉迷炼制"仙丹"，以求长生不老，炼丹术就这样应运而生。

炼丹的人把一些矿物放在密封的鼎里，用火来烧炼。矿物在高温高压下会发生化学变化，产生新的物质。长生不老的仙丹当然是不可能炼出来的。但是在炼丹的过程中，人们发现了一些物质变化的规律，这是现代化学的先声。

葛洪是东晋著名的炼丹家，字稚川，自号抱朴子，晋丹阳郡句容（今江苏句容县）人。他是三国方士葛玄的侄孙，世称小仙翁。

葛洪曾隐居罗浮山炼丹。他在炼制水银的过程中，发现了化学反应的可逆性：对丹砂（硫化汞）加热，可以炼出水银，而水银和硫黄化合，又能变成丹砂；用四氧化三铅可以炼得铅，铅也能炼成四氧化三铅。

葛洪在著作中，还记载了雌黄（三硫化二砷）和雄黄（五硫化二砷）加热后升华，直接成为结晶的现象。当时，他炼制出来的药物有密陀僧（氧化铅）、三仙丹（氧化汞）等，这些都是外用药物的原料。

此外，葛洪还提出了很多治疗疾病的简单药物和方剂，其中有些已被证实是特效药，如铜青（碳酸铜）治疗皮肤病，雄黄、艾叶可以消毒，密陀僧可以防腐，等等。雄黄中所含的砷，有较强的杀菌作用。艾叶中含有挥发性的芳香油，毒虫很怕它，燃烧艾叶可以驱虫。铜青能抑制细菌的生长繁殖，所以能治皮肤病。密陀僧有消毒杀菌作用，所以用来做防腐剂。

葛洪精晓医学和药物学，主张道士兼修医术。他的医学著作是《肘后备急方》，就是可以常常备在肘后（带在身边）的应急书，是应当随身常备的实用书籍。书中收集了大量救急用的方子，这都是他在行医、游历的过程中收集和筛选出来的。他还特地挑选了一些比较容易弄到的药物，弥补了以前的救急药方不易懂、药物难找、价钱昂贵的弊病。他尤其强调灸法的使用，用浅显易懂的语言，清晰明确地注明了各种灸的使用方法，只要弄清灸的分寸，不懂针灸的人也能使用。

葛洪很注意研究急病。他所指的急病，大部分是我们现在所说的急性传染病。古时候人们管它叫"天刑"，认为是天降的灾祸，是鬼神作怪。葛洪在书中说：急病不是鬼神引起的，而是中了外界的疠气。当然现在我们都知道，急性传染病是微生物（包括原虫、细菌、立克次氏小体和病毒等）引起的。这些微生物起码要被放大几百倍才能见到，但东晋时期还没有发明显微镜，不可能知道有细菌。葛洪能够排除迷信，指出急病是外界的物质因素引起的，这种见解很了不起。

在世界医学历史上，葛洪第一次记载了两种传染病，一种是天花，另一种是恙虫病。

葛洪在《肘后备急方》里写道：有一年发生了一种奇怪的流行病，病人浑身起一个个的疱疮，起初是小红点，不久就变成白色的脓疱，很容易碰破。如果不好好治疗，疱疮一边长一边溃烂，人还要发高烧，10个有9个治不好，就算侥幸治好了，皮肤上也会留下一个个的小瘢。小瘢起初发黑，一年以后才变得和皮肤一样颜色。葛洪描写的这种奇怪的流行病，就是天花。

葛洪把恙虫病叫作"沙虱毒"。沙虱毒的病原体是一种比细菌还小的微生物，叫"立克次氏体"。有一种小虫叫沙虱，蜇人吸血的时候就把这种病原体注入人的身体内，使人得病发热。沙虱生长在南方，据调查，中国只有广东、福建一带有恙虫病流行，其他地方极为罕见。葛洪是通过艰苦的实践，才得到关于这种病的知识的。原来他酷爱炼丹，在广东的罗浮山里住了很久。这一带的深山草地里就有沙虱。沙虱比小米粒还小，不仔细观察根本发现不了。葛洪不但发现了沙虱，还知道它是传染疾病的媒介。他的记载比美国医生帕姆在1878年的记载要早1500多年。

《本草经集注》

南北朝著名医药学家陶弘景是中国医药学史上对本草学进行系统整理，并加以创造性发挥的第一人。他著作的《本草经集注》是继中国现存最早的药物学专著——《神农本草经》之后的另一部重要文献。该书在描述的内容、所载药物的数量以及分类方法等方面，都比《神农本草经》上了一个新的台阶。

陶弘景，字通明，丹阳秣陵（今南京市）人。一生经历南朝宋、齐、梁3个朝代，是著名的道教思想家、医家。

他出生于书香家庭。祖父陶隆，为王府参军；父亲陶贞，曾任孝昌县令。陶弘景小时候很聪明，也很勤奋。四五岁常以芦荻为笔，在灰沙上学写字，10岁开始研读葛洪的《神仙传》。他善琴棋，工草隶，通晓历代典章制度，不到20岁时召为南朝宋末诸王侍读。齐武帝永明十年（公元492年），脱朝服挂神武门，辞官归隐茅山（今镇江市句容县），徘徊于山水之间，以听松涛、吟咏为乐，自号华阳陶隐居。

沈约（南朝史学家、文学家）为东阳郡太守时，慕名多次寄信相邀，陶弘景都没有赴约。梁武帝"屡加礼聘"，也不出。梁武帝很不解："山中到底有什么，为什么不出山呢？"陶弘景的回答是一幅画和一首诗。诗为《诏问山中何所有赋诗以答》："山中何所有，岭上多白云。只可自怡悦，不堪持寄君。"在纸上画了两头牛：一头散放水草之间，自由自在；另一头锁着金笼头，被人用牛鞭驱赶着。

梁武帝看到后，领会了其中的用意，就不再强迫他出来做官了。但是每逢吉凶未卜或军国大事都要先问陶弘景，书信来往不绝，所以时人都称他为"山中宰相"。

由于王公贵族，"参候相续"，对他形成很大的干扰。于是他在山中建了一幢3层的楼房，自己居上，弟子居中，宾客居下，关门读书，与世无争。

《本草经集注》在《神农本草经》365种药物的基础上又加入了365种药物，合计730种，大大扩展了可供使用的药物种类。

陶弘景在整理医籍时对原作十分尊重，决不乱涂乱改或信口雌黄。即使有补充，也将自己的说法和原书区分开来。比如把搜集到的365种药加入《神农本草经》，他有的用"黑"字写，有的就用"红"字写。赤字是本经正文，黑字是后来加入的，被后人称为"本草赤字""本草黑字"。这种做法被后来的注释家争相效仿。

陶弘景所作的订正、补充和说明，都经过了调查研究。他下了很多功夫在药物的采集和临床用药的经验方面，并经常深入药材产地，对药物的形态和采制方法进行了解。在对药味进行研究时，他发现许多有名无实的药物，如石下、长卿、屈草、满阴实、扁青等，都没有任何价值。这类药物被他列为"有名无用"类。

《本草经集注》具有 3 个特点。第一，对药物的一般分类法进行了改进。《神农本草经》采用三品分类法，仅仅概括地指出药物是否有毒，既不容易掌握药性，又难于寻检，容易出错。陶弘景把三品分类发展到玉石、草木、虫兽、果、菜、米食、有名未用七种分类。这种分类方法作为古代药物分类的标准方法，在以后的一千多年时间里，一直被沿用和发展。第二，对于药物的性味、产地、采集、形态和鉴别诸方面的论述，有显著提高。第三，总结了诸病通用的药物。例如祛风的药物有防风、防己、秦艽、川芎、独活等，就归在同一类，叫作"诸病通用药"。这样便于临床参考，促进了医药学的发展。

《本草经集注》问世后，产生了很大的影响。中国古代的第一部药典——唐代《新修本草》，就是在它的基础上进一步补充修订完成的。

药王和《千金方》

孙思邈是中国乃至世界史上伟大的医学家和药物学家，被后人誉为"药王"。其著作《千金方》是中国医药学宝库中的重要组成部分，继承和发扬了中国古代医学的精华。

孙思邈，出生于北周时代，幼年体弱多病，但聪明过人，被称为"圣童"。他通百家之说，崇尚老庄学说，兼通佛典。

由于幼年多病，孙思邈 18 岁立志学医，20 岁即为乡邻治病。他对古典医学有深刻的研究，十分重视民间验方，对内、外、妇、儿、

五官、针灸各科都很精通，有24项成果开创了中国医药学史上的先河。孙思邈一生致力于药物研究，在医治疑难杂症方面很有成就。

孙思邈发现久住山区的人很容易得大脖子病。他想：常言道，吃心补心，吃肝补肝。能不能用羊靥治疗大脖子病呢？他试治了几个病人，果然都治好了。

还有一次，孙思邈给一个患腿疼的病人针灸。他按照医书上的穴位，扎了几针，都未能止疼。他想：难道除了古人发现的365个穴位，再没有别的穴位了吗？他开始寻找新的穴位，一面用大拇指轻轻按掐，一面问病人按掐的部位是不是疼。当孙思邈的手指按掐住一点时，病人立即感到腿疼的症状减轻了好多。孙思邈就在这一点扎一针，病人的腿立刻不痛了。这种随疼点而定的穴位，叫作"阿是穴"，又名天应穴、不定穴。这是孙思邈对中国针灸学的一大贡献。

孙思邈不仅医术高明，医德也很高尚。他立志要用自己的医术为穷苦百姓服务，对于没有钱看病的人，不但不收诊费、药钱，还腾出房子给远道来的病人住，并亲自熬药给病人喝。他从不用动物入药。他说："自古名贤治病，多用生命以济危急，虽曰贱畜贵人，至于爱命人畜一也。损彼益己，物情同患，况于人呼！夫杀生求生，去生更远。"

孙思邈一生淡泊名利，多次推却做官召请，一心致力于医学，被后人尊称为"药王"。

孙思邈在长期的医疗实践中，感到过去的一些方药医书浩繁庞杂，分类也不妥当，查找很难，常造成病情延误。于是他一方面认真学习前人经验，另一方面广泛搜集民间药方，着手编著新的医书。

经过长期努力，孙思邈在70多岁的时候，写成了第一部医书《备急千金要方》，30卷，简称《千金要方》。后来，他又在100多岁的高龄，写成了第二部医书《千金翼方》，30卷，作为对前书的补充。这两本书合称为《千金方》。

《千金要方》分232门，已接近现代临床医学的分类方法。全书合方、论5300首，集方广泛，内容丰富，是中国唐代医学发展中具有代表性的巨著，对后世医学特别是方剂学的发展，有着明显的影响和贡献，并对日本、朝鲜医学之发展也有积极的作用。

《千金翼方》是对《千金要方》的全面补充。全书分189门，合方、论、法2900余首，记载药物800多种，其中有200余种详细介绍了有关药物的采集和炮制等相关知识。

《唐本草》：国家颁布的药书

《唐本草》是世界上最早的一部由国家权力机关颁布的、具有法律效力的药学专著，被认为是世界上最早出现的药典。

唐显庆二年（公元657年），在右监门府任长史的苏敬向高宗李治进表请求重新修订本草。《本草经集注》经历了100多年，有一些新的论述需要修订。同时，随着医生经验的不断增加和中外医药交流的进展，在中药谱上又增加了许多新药和外来药，需要对于药物学的书籍进行一定的补充。另外，陶弘景生活在南北朝对峙的南方，无法全面地了解北方的药物。因此，重新编写一部新的本草书，在当时是非常有必要的。

参加编书的有掌管文史书籍的人员，也有管理药物的官员，还有太医令等，共20余人。编写时，也几乎动员了全中国的力量。朝廷下令，征集全中国各地所产药材的标本，并按标本绘制药图，编写图经。这也是历史上第一次以"图经"的方式撰写本草书。

以前在《本经》中未记载的药物，只要有肯定的效果，就一定要记录。《名医别录》中所记载的那些药物中若没有实际效果，也必予改正。这表明了编撰者实事求是，不泥古、不附应的敬业精神。

《唐本草》又称《新修本草》，分为"本草""药图""图经"三部分。"本草"部分是讲药物的性味、产地、采制、作用和主治等内容，"药图"是描绘药物的形态，"图经"是"药图"的说明文。

在编纂体裁上有所创新，为了便于采药和用药时的正确辨认，除传统用文字记述的"本草"外，还首创详细绘画"药图"，且以"图经"加以说明的方式，后者约占全书三分之二的篇幅。

《新修本草》收载药物844种，其中改正过去本草经籍所载有差错的药物400余种，增补新药百余种，并详细记述了药物的性味、产地、功效及主治的疾病。由于当时唐朝处于全盛时期，中外经济、文化交流十分活跃，有不少外来药品通过贸易进入中国，如安息香、龙脑、胡椒、诃子、郁金、茴香、阿魏等。鸦片就是由波斯地区当贵重药物运进中原的。这些在《唐本草》中都有记载。

唐朝政府规定《唐本草》为学医者必读之书。该书颁行后，很快流行全中国，在统一用药方面起了很大作用，流传达300年之久。

《洗冤集录》：第一部法医学专著

《洗冤集录》是法医史上的惊世巨著，也是世界上第一部系统的法医学著作。它总结了历代法医的宝贵经验，是审判官们必读的法学经典著作，被公认为世界法学界共同的财富。

宋慈，字惠父，出生在南宋一个朝廷官吏家庭。宋慈的名和字，就寄托着这个家族的理想。"慈惠父"三字可以这样解释：期望他将来成为一个恩德慈及百姓，贤名垂于青史的"父母官"。宋慈没有辜负父母的期望，从政20余年，先后4次担任高级刑法官，平反冤案无数。西方学者普遍认为他开创了"法医鉴定学"，称他为"法医学之父"。

宋慈在长期担任提点刑狱的监司重任中，对每件狱案都处理得小心谨慎。他认为天下没有比保护生命更重要的事情，没有比死刑更严酷的刑罚，在有关死刑的案件中，没有比究查初情更值得重视的。他处理每一件案子，事先都把案子的前前后后的情况摸清楚，对一人的证词反复核实，出之众口的供词也反复加以核实，凭确凿的事实，依法断案，而不单凭现有的供词与律条的简单对应来定案。因此，在深入调查的过程中常常使那些豪门大姓的人受到法律制裁，也常常使已结案多年的冤案重新昭示于人世。面对金钱的诱惑，他不动心；面对威胁和烦琐的案情，他也不怕艰难。他所关注的是断案的公正，探求的是案情的真实面貌。他每审一案，都是审之又审，不敢使自己产生一点漫不经心的情绪。

宋慈逝世后，宋理宗亲自为他书写墓门，凭吊他功绩卓著的一生。

《洗冤录》是宋慈综合《内恕录》等数种专书，再参以当时执法检验的现场经验，于公元1247年写成的。它是世界上现存的第一部系统的法医学专著，比意大利人菲德里写的法医著作要早350多年。

全书共5卷，卷1载条令和总说，卷2验尸，卷3至卷5备载各种伤、死情况。记述了人体解剖、检验尸体、检查现场、鉴定死伤原因、自杀或谋杀的各种现象、各种毒物和急救、解毒的方法等，内容十分广泛。

书中对于自杀、他杀或病死的区别十分明确，有案例详细说明。如溺死与非溺死、自缢与假自缢、自刑与杀伤、火死与假火死等都详加区分，并列述各种猝死情状。这部书中所记载的如洗尸、人工呼吸法、夹板固定伤断部位，以及银针验毒、明矾蛋白解砒毒等都是合乎科学道理的。

13—19世纪，《洗冤录》不仅在中国沿用长达600多年，成为后世各种法医著作的主要参考书，并且广泛外传，被译成荷兰语、法语、德语、朝鲜语、日语、英语、俄语等各种文本，对世界各国法医学的发展产生极为深远的影响。

《医学纲目》：中医的百科全书

中国医学博大精深，历史悠久。中国医学起源于三皇五帝时期，传说伏羲发明了针灸并尝试草药。据记载，中国最早的医书是轩辕黄帝写的《祝由科》，后世人在这部医药著作的基础上不断增补删改，并由祝由科里将纯粹的医药分离了出来，形成了后来的中医学。近现代中医诊病的纲领称为"八纲"，即阴阳、表里、寒热、虚实。最早提出"八纲"的是楼英的《医学纲目》，《医学纲目》也被称为中医界简明的百科全书式的书籍。

楼英，元代著名医学家，公元1332年出生在今浙江省杭州市萧山区南部的楼塔镇。楼英出生在读书人家庭，自幼聪明好学，4岁识字，7岁读《内经》，自称"上自内经，下至历代圣贤书传，及诸家名方，昼读夜思，废食忘寝者，三十余载"。12岁就能讲论"四书"，勤奋好学在当时闻名遐迩。

楼英也以孝闻名乡里，在他13岁时母亲生病，日夜侍奉左右，并亲尝汤药。因此他也与当时名医戴原礼成了至交，戴原礼系当时医学界"金元四大家"之一朱丹溪的高徒。楼英对朱丹溪的医术也深为敬佩，并潜心钻研，曾声言"私淑丹溪之学"。

楼英对医学的酷爱，违背了父亲对他"学而优则仕"的期望，但是楼英却以"行医治病，惠及黎民"的言辞说服父亲，坚持己见。

后来，楼英认真研究《周易》中的哲理，融会贯通，尤其精通阴阳五行学说和运气学说在医学上的应用。他广搜博采，学问大增。经过长期实践，他的医术更臻高明。楼英一直坚持自己的理想，行医与民间，拒绝出仕。他总结了多年的行医经验，最终编著成《医学纲目》，为中国中医学做出了巨大的贡献。

《医学纲目》花费了楼英30年的心血，是一部庞大的医学文献。《医学纲目》是综合性医书，资料丰富，纲目清晰，受到后世重视。这部书用朴素的中国古典哲学，强调阴阳五行的作用，阐明人体受邪得病的机制。楼英对各种医书下了极大的功夫，消化吸收，融会贯通，然后根据自己的心得体会，分门别类，进行整理，即所谓"分病析法而类聚之"。他把各种病症分属于各脏腑，重点剖析了临床病症。每种病症，都引录历代有关记述，摘录从《黄帝内经》直到当时有代表性医家，尤其是宋、金、元各代著名医家的医论、有效验方，按其所属性质归入上述各部类之下，进行整理和论述。在治法上区分正门和支门，吸取诸家之长，充分体现了同病异治的特点。

全书分成40卷，卷下再分成9部。卷1—9为阴阳脏腑部，属医学总论。卷10—15为肝胆部。卷16—20为心小肠部，卷21—25为脾胃部，卷26为脾肺部，卷27为肺大肠部，卷28—29为肾膀胱部，分别介绍各脏腑有关病症、症治。卷30—33为伤寒部，以伤寒为主，兼载温病、暑病、瘟疫等。卷34—35为妇人部，叙述妇人通治、经、带、胎、产等。卷36—39为小儿部，载小儿通治、五脏所主病。卷40为运气部。《医学纲目》以这9部为纲，将人体各种常见病症约600多种按所属部类分段叙述。

世界首创种痘术

传染病一直是对人类健康危害最大、造成死亡人数最多的严重疾患。由于它们具有传染性，对其防治会遇到一定困难。尤其是在古代，医术不够发达，对一些传染病束手无策，因此人们对传染病都有一定的恐惧心理。古代的传染病有天花、鼠疫、霍乱、麻风、狂犬病等，而天花是至今为止被人类消灭的第一种传染病。

天花是由天花病毒引起的一种烈性传染病，是感染痘病毒引起的，无药可治。患者在痊愈后脸上会留有麻子，"天花"由此得名。

痘病毒科是一群体形较大、结构较为复杂的病毒，呈砖形或椭圆形，大小为（200纳米—90纳米）×（100纳米—260纳米），是体积最大的病毒之一。痘病毒在细胞的胞质内进行复制，形成嗜酸性包涵体。受染者发病后皮肤出现丘疹，然后转化为水疱及脓疱。

天花，是世界上传染性最强的疾病之一。天花病毒繁殖快，能在空气中以惊人的速度传播。天花病毒有高度传染性，没有患过天花或没有接种过天花疫苗的人，均能感染天花。

天花主要通过飞沫吸入或直接接触而传染。当人感染了天花病毒以后，有10天左右的潜伏期。潜伏期过后，病人发病很急，多以头痛、背痛、发冷或寒战高热等症状开始，体温可高达41℃以上，伴有恶心、呕吐、便秘、失眠等。小儿常有呕吐和惊厥。发病3—5天后，病人的额部、面颊、腕、臂、躯干和下肢出现皮疹。开始为红色斑疹，后变为丘疹，2—3天后丘疹变为疱疹，以后疱疹转为脓疱疹。脓疱疹形成后2—3天，逐渐干缩结成厚痂。大约一个月后痂皮开始脱落，遗留下疤痕，俗称"麻斑"。

由于天花的传染性极强，中国民间流传着一句俗语："生了孩子只一半，出了天花才算全。"可见天花的危害性有多大。天花严重危害着人们的健康，因此从古至今一直有人摸索着治愈天花的方法。"种痘术"就是中国在治疗疾病中，首先发明的人工免疫疗法。这项发明具有重大的历史意义，因为它是治疗传染病过程中迈出的关键性的一步。

"种痘术"是中国人的伟大发明，利用"以毒攻毒"的方法，研制出"种痘术"，就是把得过天花的人的"痘痂"，塞入人的鼻孔中，使其感染天花病毒，有轻微的症状，以致以后不再被传染。但是由于没有明确的文献记载，"种痘术"到底是什么时候发明的至今没有定论。广泛流传的有三种说法。

　　清朝光绪十年（公元1884年）董玉山在《牛痘新书》中说："考上世无种痘诸经，自唐开元间（公元713—741年），江南赵氏始传鼻苗种痘之法。"

　　清朝康熙五十二年（公元1713年），朱纯嘏在《痘疹定论》中记载了这样一则故事。宋真宗时（11世纪）的宰相王旦，一连生了几个子女，都死于天花。待到老年又生了一个儿子，王旦对这个老来子偏爱有加，十分担心儿子遭遇天花，召集了当时许多名医来研究防治天花的方法。当时有人提议，说四川峨眉山有一个"神医"，能种痘，百无一失。丞相王旦立即派人去请。一个月后，那位医师赶到了汴京。这位神医到汴京后，先对王旦的儿子做了一番检查，确定了孩子能种痘。次日便为他种痘，第七天小孩身上发热，12天后种的痘已经结痂。据载这次种痘效果很好，王旦的儿子活了60多岁，再未感染天花。这是中国典籍上有关种痘的最早记载。

　　清朝雍正五年（公元1727年），俞茂鲲在《痘科金镜赋集解》中说："又闻种痘法起于明朝隆庆年间（公元1567—1572年），宁国府太平县，姓氏失考，得之异人。丹传之家，由此蔓延天下，至今种花者，宁国人居多。"此后，清朝的许多医学典籍中都出现过天花以及种痘术的资料。

　　智慧的中国人虽然发明了"种痘术"，但是没有得到很好的发展，依然存在很多弊端。种痘术虽对天花的蔓延起到了延缓的作用，但是没有从根本上消除天花。中国的种痘术，后来随着中外交流，传到了土耳其，又传遍整个欧洲。英国人琴纳受到中国种痘术的启发，发现了牛痘，牛痘相对于人痘更加安全可靠。

《本草纲目》

中医药是中华民族的宝贵财富，为中华民族的繁衍昌盛做出了巨大贡献。中医药是中国人民的伟大发现，以草本植物为本，有治病和调理的功效。中医药的历史可以追溯到5000年前的炎帝神农氏时期，当时已经有了草药，以草入药是中药的雏形。随着时代的发展、科技的进步，草药的种类逐渐增多，草药治病的领域也逐渐扩大。为了将这凝聚着中华民族智慧的发明流传于后世，就需要有人将草药的种类、用途、制法等记录下来，以供后世学习和研究。因此李时珍的《本草纲目》就应运而生了。

李时珍（1518—1593年），字东壁，是明代著名的医学家、药物学家。他出生在一个世代行医的家庭，父亲李言闻是当地的一位名医。李时珍从小就跟随父亲到病人家看病，上山采集草药，对医学产生了浓厚的兴趣。当时行医是被看不起的，因此李家也经常受到当地官绅的欺侮，于是李言闻就想让二儿子李时珍走科举考试的路，为李家争光。李时珍从小体弱多病，但是性格却很刚烈，他对那些八股文是极其厌恶的。但还是在父亲的督促下，努力学习，在14岁时考上了秀才。他对科举考试实在没有兴趣，3次考举人都落选了。此后，他醉心医学，不再应考。

李言闻面对儿子3次考试不第的事实，加上李时珍学习医术的决心，最终同意了李时珍学医的请求，开始传授儿子医术。不几年的工夫，李时珍就"青出于蓝胜于蓝"，成了当地的名医。但他不满足于现有的成绩，决意"行万里路"去搜寻各种名方。李时珍每到一地，就虚心地向当地人请教。不论是采药的，还是种田的、捕鱼的，还是砍柴的，大家都热情地帮助他了解各种各样的地方药物。

李时珍在寻找各味药材时，置生死于度外，历尽艰辛。

李时珍虽然是位内科医生，但他对外伤病人的痛苦感同身受。在修本草的时候，他读到了古代外科圣手华佗替人治病的事，其中提到麻沸散能够使患者在麻醉里接受剖腹剔脑的大手术而不知疼痛。麻沸散的主药是曼陀罗花，但这味主药该用多少才能起麻醉作用，同时又不致中毒，历代的医学古籍中均未有明确记述。

李时珍决定亲自做曼陀罗花药量的试验。他把估计药量分成两份，用黄酒把一份曼陀罗花粉吞服下肚。过了一会儿，他觉得有些头昏、心慌，于是他示意徒弟下针。但是，那针还是扎得他钻心痛。他知道药力不够，便断然将余下的另一份用黄酒吞服了下去。不大一会儿李时珍只觉天旋地转，接着就昏迷过去了，徒弟再用针扎，他也不觉得疼了。就这样，李时珍以身试药，终于弄清了曼陀罗花的准确用量。

在行医过程中，李时珍读了许多医药著作。他感到历代的药物学著作存在不少错误，特别是其中的许多毒性药品，竟被认为可以"久服延年"，需要重新整理和补充。因此，他决心在宋代唐慎微编的《证类本草》的基础上，编著一部完善的药物学著作。为了编好这部著作，他走访了河南、江西、江苏、安徽等很多地方。每到一处，他就虚心向药农和其他劳动人民请教，采集药物标本，收集民间验方。很多人都热情地帮助他，有的人甚至把祖传秘方也交给了他。就这样，他得到了很多书本上所没有的知识，还得到了很多药物标本和民间药方。

李时珍从 35 岁起，动手编写他的医书。他花了 27 年工夫，参考了 800 多种书籍，经过 3 次大规模的修改，终于写成了一部新的药物学巨著——《本草纲目》。

《本草纲目》共 52 卷，190 万字，记载药物 1892 种，其中新增加的有 374 种。书里对每一种药物，都说明它的产地、形状、颜色、气味、功用。李时珍把植物分为草部、谷部、菜部、果部、本部五部，又把草部分为山草、芳草、湿草、毒草、蔓草、水草、石草、苔草、杂草九类。

书里还附了 1160 幅药物形态图，记载了 11096 个医方。这部伟大的著作，吸收了历代本草著作的精华，改进了中国传统的药物分类方法，尽可能地纠正了以前的错误，补充了不足，并有很多重要发现和突破。

《本草纲目》是对 16 世纪以前中医药学的系统总结，在训诂（指解释古书中词句的意义）、语言文字、历史、地理、植物、动物、矿物、冶金等方面也有突出成就。

《本草纲目》17 世纪末即传播，先后有多种文字的译本，对世界自然科学也有举世公认的卓越贡献。其有关资料曾被达尔文所引。这本药典，不论从它严密的科学分类，或是从它包含药物的数目之多和流畅生动的文笔来看，都远远超过古代任何一部本草著作，被誉为"东方药物巨典"，对人类近代科学以及医学方面影响最大，是中国医药宝库中的一份珍贵遗产。

膏药的学问：《理瀹骈文》

说起中国的医药，那是有着悠久的历史，创造出许多济世救人的良方。中药是中国的四大国粹之一，主要以内调为主要功效，但是有些疾病靠单纯的内调很难治愈，需要内外兼治。吴尚先根据自己对历代医术的研究以及行医经验,研制出一种可以外治的"薄贴",即现在我们称的膏药。

吴尚先,生于嘉庆年间,清朝著名医学家。吴尚先出生于文学世家。祖父吴锡麟,乾隆年间进士,曾任编修官、祭酒,诗才超群,骈文清华明秀,名重一时。父亲吴清鹏,嘉庆二十二年进士第三名,任编修官、顺天府府丞。后告归,主讲于乐仪书院。

吴尚先从小在这样的家庭中长大,受到家学潜移默化的影响,道光十四年(公元 1834 年)便考中举人。次年到京师,因病未参加应试,后八年客居广平(今河北广平)。自此他淡于功名,绝意仕途。后随父寓居扬州,平日除写诗赋文以外,兼学医为业。

吴尚先生活在一个并不安定的社会环境中,太平天国农民起义时,他和弟弟带着母亲避乱至江苏泰州,并在东北乡俞家垛开业行医。长期的战乱,药物来源缺乏,使平民因病致死者颇多。加之那一带居地潮湿,疫疾流行,每值春播,农民还要涉水耕种,故痹证(风湿性关节炎等病)发病率很高。此外血吸虫病流行,鼓胀患者也较多,并有不少其他病症。

吴尚先为了解除百姓病痛,结合当时情况,广泛采用外治方法,其中尤以薄贴(膏药)治病特色鲜明,疗效卓著。他的外治法除广泛吸取前人著述中有关学术经验外,个人对此亦有很多变创、发明。其主治范围很广,治法大多简便、无痛苦,治疗后往往不妨碍劳作,且可解穷人无钱购药之难。但是对于这样的新鲜事物,起初当地老百姓还是很怀疑的,因此每天登门求医者不过一二十人。自信满满的吴尚先没有焦虑也不急于向大家解释,因为药效是最好的解释。果然,每天的那一二十人在数次治疗后,疾病竟获痊愈。

吴尚先治愈的病人越来越多,得到了广大民众的信任,求治者越来越多,每日竟达数百人。长期丰富的临床实践,使他的外治方法日臻完善。吴氏大半生在民间行医,着眼于偏僻乡村,利济乡民。

治病不限时间，随到随治；不以贫富分贵贱，愿为贫苦大众治病解难。并谆谆告诫，不可乘人之急，挟货居奇。

《理瀹骈文》是吴尚先所著的医学著作，也是中国最早的外治专著，原名为《外治医说》。吴尚先处于西方医学逐步传播到中国的历史时代，但没有采取一概排斥的态度，而是立足于中医学术，亦取西医治法中的长处，故在《理瀹骈文》中也斟酌介绍了一些西医外治法。他的著作还吸收了一些少数民族医学的治疗方法，开创了一些简单有效的外治之法。由此反映了他不仅注重向古人学习，而且重视学习不同地域的医疗经验。

在《理瀹骈文》一书中，吴氏详述膏药的熬制法，认为膏药的功效体现于拔、截二字，拔则毒出，截则邪断。膏与药既可单用，亦可配合使用，均应随病证灵活掌握。膏中之药，宜气味俱厚，以具有开窍透骨、通经走络之品（如姜、葱、韭、蒜、白芥子、花椒、蓖麻子等）为引，引领群药直达病所，开结行滞，气血流通则病自愈。又提出用补药尤宜血肉之物，如牛肉汤、猪肾丸、乌骨鸡丸之类。吴氏指出：外治以气血流通为补，不必迷信药补。膏药性热易效，性凉则稍次；攻邪易效，补虚稍次。热症可用热药，因病得热则行，热药引邪外出；虚症可用攻药，以去邪而不养患。根据寒热并用法则，吴氏又推衍出贴温膏，敷凉药；贴补膏，敷消药的治法。至于膏药的贴法，吴氏亦有丰富的经验和独到的见解。

《理瀹骈文》共记载内科膏药方 94 首，妇科膏药方 13 首，儿科膏药 7 首，外科膏药方 20 首，五官科膏药方 3 首，总计 137 首。重点阐述 21 首膏方，其中以清阳膏、散阴膏、金仙膏、行水膏、云台膏、催生膏尤为灵验。此外还有养心、清肺、健脾、滋阴、扶阳、通经、卫产等膏作为辅助，加上膏中敷药等多种变法，主治很多病证。书中详述诸种膏方与敷药配伍使用的方法、功效、临症加减、宜忌及注意事项。

《甘石星经》：最早的天文学著作

春秋战国时期，天文学已有所发展，出现了一大批天文学专著和关于天文的观测记录，用以皇帝占星之用。其中，齐国的天文学家甘德著有《天文星占》八卷，魏国的天文学家石申著有《天文》八卷。后人将这两部著作合为一部，取名为《甘石星经》。《甘石星经》是中国也是世界上最早的天文学著作。

甘德和石申当时曾系统地观察了金、木、水、火、土五大行星的运行，初步掌握了这些行星的运行规律，记录了 800 个恒星的名字，并划分其星宫，同时认识到日食、月食是天体相互掩食的现象。后人把甘德和石申测定恒星的记录称之为《甘石星经》（又称《甘石星表》）。它是世界上最早的恒星表，比希腊天文学家伊巴谷在公元前二世纪测编的欧洲第一个恒星表早约 200 年。

后世许多天文学家在测量日、月、行星的位置和运动时，都要用到《甘石星经》中的数据。因此，《甘石星经》在中国和世界天文学史上都占有重要

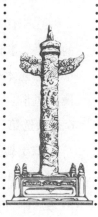

地位。石氏星表是古代天体测量工作的基础，因为测量日月星辰的位置和运动，都要用到其中二十八宿距度（本宿距星和下宿距星之间的赤经差）的数据，这是中国天文历法中一项重要的基本数据。

环形山是月面上最明显的特征地貌。环形山又称月坑，大的直径达几百千米，小的只不过是小小的凹坑。直径大于 1 千米的环形山有 33000 多个，占月球面积的 7% 至 10%，其中最大的环形山直径达 1000 千米。

许多环形山中央区还有中央峰或中央峰群，可高达 2.5 千米。在地面上用十几倍的望远镜即可观察环形山。月球的表面没有任何生物生长，仅仅是完整记录了一次又一次的撞击。有时，新坑洞侵蚀旧坑洞，大坑洞之内还可以看到较小的坑洞。由撞击后的飞溅物所造成坑洞周围的环形山，则是月球上最亮丽的景观。

环形山大多以著名天文学家或其他学者的名字命名。为了纪念石申对天文学研究做出的巨大贡献，现代人以他的名字命名了一座环形山。石申环形山位于月球背面西北隅，离北极不远，月面坐标为东 105°，北 76°，面积为 350 平方千米。

二十四节气的制定

二十四节气是中国古代农业文明的具体表现。其中既包括相关的谚语、歌谣、传说等，又包括传统生产工具、生活器具、工艺品、书画等艺术作品，还包括与节令关系密切的节日文化、生产仪式和民间风俗。二十四节气具有很高的农业历史文化研究价值，2011 年 6 月入选第三批国家级非物质文化遗产名录。

二十四节气起源于黄河流域。早在春秋战国时期，中国就已经能用土圭（在平面上竖一根杆子）来测量正午太阳影子的长短，以确定冬至、夏至、春分、秋分 4 个节气。一年中，土圭在正午时分影子最短的一天为夏至，最长的一天为冬至，影子长度适中的为春分或秋分。春秋时期的著作《尚书》就对节气有所记述，到战国后期成书的《吕氏春秋》"十二月纪"中，就有了立春、春分、立夏、夏至、立秋、秋分、立冬、冬至这8个节气名称。这8个节气是24个节气中最重要的节气。这8个节气标示出季节的转换，清楚地划分出一年的四季。

完整的二十四节气记载出现在西汉刘安著的《淮南子》一书里。中国古代用农历（月亮历）记时，用阳历（太阳历）划分春夏秋冬二十四节气。公元前104年，由邓平等制定的《太初历》，正式把二十四节气订于历法，明确了二十四节气的天文位置。

自古以来，中国就是个农业非常发达的国家，由于农业和气象之间的密切关系，古代农民从长期的农业劳动实践中，累积了有关农时与季节变化关系的丰富经验。为了记忆方便，把二十四节气名称的一个字，用字连接起来编成歌诀：

　　　　春雨惊春清谷天，夏满芒夏暑相连，秋处露秋寒霜降，
冬雪雪冬小大寒。

二十四节气的制定，综合了天文学和气象学以及农作物生长特点等多方面知识，比较准确地反映了一年中的自然力特征，时至今日仍然在农业生产中使用。

二十四节气的寓意

太阳从黄经零度起，沿黄经每运行15度所经历的时日称为"一个节气"。每年运行360度，共经历24个节气，每月两个。二十四节气反映了太阳的周年视运动，所以节气在现行的公历中日期基本固定，上半年在6日、21日，下半年在8日、23日，前后相差仅一两天。

二十四节气是中国劳动人民独创的文化遗产，它能反映季节的变化，指导农事活动，影响着千家万户的衣食住行。

立春：立是开始的意思，立春就是春季的开始。

雨水：降雨开始，雨量渐增。

惊蛰：蛰是藏的意思。惊蛰是指春雷乍动，惊醒了蛰伏在土中冬眠的动物。

春分：分是平分的意思。春分表示昼夜平分。

清明：天气晴朗，草木繁茂。

谷雨：雨生百谷。雨量充足而及时，谷类作物能茁壮成长。

立夏：夏季的开始。

小满：麦类等夏熟作物籽粒开始饱满。

芒种：麦类等有芒作物成熟。

夏至：炎热的夏天来临。

小暑：暑是炎热的意思。小暑就是气候开始炎热。

大暑：一年中最热的时候。

立秋：秋季的开始。

处暑：处是终止、躲藏的意思。处暑是表示炎热的暑天结束。

白露：天气转凉，露凝而白。

秋分：昼夜平分。

寒露：露水已寒，将要结冰。

霜降：天气渐冷，开始有霜。

立冬：冬季的开始。

小雪：开始下雪。

大雪：降雪量增多，地面可能积雪。

冬至：寒冷的冬天来临。

小寒：气候开始寒冷。

大寒：一年中最冷的时候。

太阳与五星运动的新发现

张子信在查阅大量第一手观测资料的基础上，结合前人的观测成果，发现了关于太阳运动不均匀性、五星运动不均匀性和月亮视差对日食的影响的现象，同时提出了相应的计算方法。这三大发现在中国古代天文学史上是具有划时代意义的事件，为天文历法体系的完善增添了全新的内容。

张子信，生卒年不详，清河（今北京清河县）人，北魏、北齐间著名的天文学家。公元526—528年间，在华北一带发生过一次以鲜于修礼和葛荣为首的农民起义，这次起义声势浩大，震动朝野。为了躲避这一次农民起义的影响，张子信跑到一个海岛上隐居起来。在海岛上，他制作了一架浑天仪，专心致志地测量日、月、五星的运动，探索其运动的规律。

在这一相对安定的环境中，他孜孜不倦地工作了30多年。

张子信大约是经由两个不同的途径发现太阳运动不均匀现象的。其一，我们知道太阳视运动自平春分到平秋分（时经半年）所历的黄道度数要比从平秋分到平春分（时经也是半年）所历度数少若干度，于是前半年太阳视运动的速度自然要比后半年来得慢，即张子信所说的"日行春分后则迟，秋分后则速"。

其二，在观测、研究交食发生时刻的过程中，张子信发现，如果仅仅考虑月亮运动不均匀性的影响，所推算的交食时刻往往不够准确，还必须加上另一修正值，才能使预推结果与由观测而得的实际交食时刻更好地吻合。经过认真的研究分析，他进一步发现这一修正值的正负、大小与交食发生所值的节气早晚有着密切、稳定的关系，而节气早晚是与太阳所处恒星间的特定位置相联系的，所以，张子信实际上是发现了修正值与交食所处的恒星背景密切相关。

不但如此，张子信还对太阳在一个回归年内视运动的迟疾状况做了定量的描述。他给出了二十四气节时太阳实际运动速度与平均运动速度的差值，即所谓日行"入气差"。这实际上就是中国古代最早的一份太阳运动不均匀性改正的数值表格（日躔表），为后世历法关于太阳运动不均匀性改正的计算方法，提供了经典的形式。

战国时期，在传统的五星位置推算法中，五星会合周期和五星在一个会合周期内的动态，是最基本的数据和表格，前者指五星连续两次晨见东方所经的时间，而后者指在该时间段内五星顺行、留、逆行等不同运动状态所经的时间长短和相应行度的多少。

张子信发现五星位置的实际观测结果与依传统方法预推的位置之间经常存在偏差。对于这种偏差，一种可能的解释是，五星会合周期及其动态表不够准确。

经过长期的观测和分析研究，张子信终于发现上述偏差量的大小、正负与五星晨见东方所值的节气也有着密切、稳定的关系。他还进一步指出：当五星晨见东方值某一节气时，偏差量为正某值；而在另一节气时，偏差量为负某值等等。想了解五星晨见东方的真实时间，需在传统计算方法所得时间的基础上，再加上或减去相应的偏差量。

这些情况表明，张子信实际上发现了五星在各自运行的轨道上速度有快有慢的现象，即五星运动不均匀性的现象，而且给出了独特的描述方法和计算五星位置的"入气加减"法。这些都对后世历法关于五星位置的传统算法产生了巨大的影响。

《皇极历》

《皇极历》是中国历史上一部具有里程碑意义的历法，它首次考虑到太阳和月亮视运动的不均匀性，创立了等间距二次差内插法，在中国天文学和数学史上都有重要地位。后代历法计算日、月、五星运动使用的内插法多继承《皇极历》的方法并继续发展。

刘焯（公元544—610年），字士元，信都昌亭（今河北武强南）人，隋代经学家、科学家。刘焯自幼聪明好学，少年时代曾与河间景城（今河北省献县）人刘炫为友，两人一同寻师求学。寒窗十载，苦读不辍。经过10年苦读，刘焯成为饱学之士，当时与刘炫并称"二刘"。

刘焯精通天文学，先后5次参与历法之争，都以失败而告终，但对历法依然执着追求，在仁寿四年（公元604年）撰著的《皇极历》尤其有名。

《皇极历》是当时最好的历法，标志着历法的成熟，其中有许多革新和创造。刘焯不但考虑到月亮视运动的不均匀性，而且还考虑太阳周年视运动的不均匀性，开始用较合理的内插公式来计算定朔校正数，因而超过前人的历法。刘焯又改岁差为75年差一度，比虞喜和祖冲之的推算更接近实测值（今测为每隔76年差一度，当时欧洲还沿用100年差一度的数据）。他还开创"定气法"和二次差内插法，为后世所沿用，在天文学和数学发展史上都很有意义。刘焯所著的《皇极历》曾在理论上提出测量子午线长度的方法，目的在于否定过去所谓表"影千里差一寸"的说法。由于保守派的反对，实测子午线没有实行，《皇极历》也未颁行。

虽然由于政治、人际关系等原因，《皇极历》在隋朝没能实行，但被后人所采用。唐高宗时，李淳风参考《皇极历》制定了一部古代名历——《麟德历》。刘焯对古书所记载的"千里影差一寸"提出异议，唐玄宗时张遂等人经过实地测量证明了刘焯说法的正确性。刘焯提出的定气法，被清朝颁行的《时宪历》所采用。刘焯创立的等间距二次差内插法公式，不仅在中国历法史与数学史上占有重要地位，而且在世界数学史上也居于领先位置。

刘焯虽学富五车、才高八斗，为人却心胸狭窄，贪财吝啬。当无数名儒不远千里慕名来求学时，他打起了财富的主意。不向他送见面礼或者送少了礼的，就得不到他的真正教诲。天长日久，人们对他的所作所为由崇拜转为失望，并开始看不起他。等到他的满腹经纶化作滚滚财富后，向他求学的人越来越少，他的门庭也逐渐冷落。

因为处世失当，刘焯后来卷入了一次朝廷冲突，被流放到边关充军。最后去世时，好友刘炫为他请赐谥号，却没有一个大臣拥护。他的代表作《皇极历》，本是一部含金量极高的天文著作，因与太史令张胄玄的观点相左而被排斥。直到多年以后，他的学术观点才逐渐被世人所识。然而，由于做人方面的缺陷，他的作品始终不能与一些划时代的东西相提并论。

刘焯的才华，即便与他的为人处世不相协调，但尊重知识的后人还是给了他一个公正甚至超常的评价。遗憾的是，千百年之后，人们记起、说起的只有《皇极历》，而刘焯本人则被遗忘到了历史的角落。

《大衍历》

僧一行是唐代杰出的天文学家、数学家和佛学家。他是历史上实测子午线的第一人，同时，创造的新历法《大衍历》，在世界历学、天文学史上都有很高的评价，为唐代科学技术的发展做出了伟大的贡献。

从开元十二年（公元724年）起，僧一行主持全国范围内的大规模的天文测量工作。他在全国选择了12个观测点，并派人实地观测，自己则在长安总体统筹指挥。其中负责在河南进行观测的南宫说等人所测得的数据最科学、最有意义。他们选择了经度相同、地势高低相似的4个地方进行设点观测，分别测量了当地的北极星高度，冬至、夏至和春分、秋分四时日影的长度，以及四地间的距离。僧一行经过统一计算，得出了北极高度差一度，南北两地相距351

里 80 步（现在的 129.2 公里）的结论。这虽然与现在 1 度长 111.2 公里的测量值相比误差较大，但这是世界上第一次用科学方法进行的子午线实测，在科学发展史上具有划时代的意义。

僧一行在天文历法上所取得的卓越成就在人类文明史上占有重要地位，而且他所重视的实际观测的科学方法，极大地促进了天文学的发展。在他之后，实际观测就成了历代天文学家从事学术研究时采用的基本方法。

僧一行主张在实测的基础上修订历法，在经过几年的天文观测及准备工作后，于开元十三年（公元 725 年）开始编历。他用两年写成历法草稿，并定名为《大衍历》。

《大衍历》以刘焯的《皇极历》为基础，并进一步发展了《皇极历》。《大衍历》共分为 7 篇，即步中朔术、步发敛术、步日躔术、步月离术、步轨漏术、步交会术、步五星术。《大衍历》发展了前人岁差的概念，创造性地提出了计算食分的方法，发现了不等间距二次内插法公式、新的二次方程式求和公式，并将古代"齐同术"（通分法则）运用于历法计算。

僧一行在完成《大衍历》的同年不幸去世，当时只有 45 岁。开元十七年（公元 729 年），《大衍历》颁布实行，沿用长达 800 年。经过验证，《大衍历》比当时其他历法要精密、准确得多。《大衍历》是当时世界上较为先进的历法并相继传入日本、印度，沿用近百年。

《授时历》

郭守敬是元朝著名天文学家、数学家、水利专家和仪器制造专家。他与王恂、许衡等人共同制定出《授时历》，这是当时世界上最先进的一种历法，通行 360 多年。《授时历》对农业生产的帮助很大，并且还传到朝鲜、日本和越南等国家。

元朝统一中国以前，中国所用的历法是《大明历》。《大明历》使用的时间长达 700 多年，误差很大。忽必烈统一元朝后，决定修改历法。公元 1276 年，元朝政府下令改订旧历，调动全国各地的天文学者，另修新历。

王恂、郭守敬、许衡等人接受了编制新历法的任务。公元 1277 年左右，郭守敬向政府建议，为编制新历法，组织一次全国范围的大规模天文观测。元世祖派 14 名天文学家到国内 26 个地点进行了几项重要的天文观测，测定了夏至日的表影长度和昼、夜时间的长度，为编制新历提供了较为精确的数据。历史上称这次观测活动为"四海测量"。

元世祖至元十七年（公元 1280 年），经过 4 年的时间，新历法终于编制完成。元世祖按照"敬授民时"的古语，取名为《授时历》。

《授时历》反映了当时中国天文历法的新水平。规定每月为 29.530593 日，以无中气之月为闰月，一回归年为 365.2425 日，比地球绕太阳公转一周的实际时间仅差 26 秒，和现代世界通用的公历完全相同。它正式废除了古代的上元积年（日月的经纬度相同，同时五大行星聚集在同一个方位的时刻称为上元。从上元到编历年份的年数叫积年，通称上元积年），而截取近世任意一年为历元，打破了古代制历的习惯，是中国历法史上的第四次大改革。明初颁行的"大统历"基本上就是"授时历"，如把这两种历法看成一种，可以说是中国历史上施行最久的历法，长达 364 年。

为了编制历法，郭守敬创制和改进了简仪、高表、候极仪、浑天象、仰仪、立运仪、景符、窥几等十几件天文仪器仪表。这些仪器保障了测量数据的精确性。

仰仪是郭守敬的独创。这是一个铜制的中空的半球面，形状像一口仰天放着的锅。半球的口上刻着东西南北 4 个方向，半球口上用一纵一横的两根竿子架着一块小板，板上开一个小孔，孔的位置正好在半球面的球心上。太阳光通过小孔，在球面上投下一个圆形的像，映照在所刻的线格网上，可读出太阳在天球上的位置。

通过仰仪，人们可以不用眼睛直接看那光度极强的太阳，就能看明白太阳的位置，这是很巧妙的。更巧妙的是，在发生日食时，仰仪面上的日像也相应地发生亏缺现象，可以直接观测出日食的方向，亏缺部分的多少，以及发生各种食像的时刻等。

《徐霞客游记》

中国是一个拥有5000年文化的文明古国，各方面文化都得到了传承和发展。中国文明发源于黄河流域，是中国的大好河山给中国人民带来了希望和美的享受。中国古代虽然对地理的研究著作不多，但是也都处在世界领先地位。裴秀的地图制造理论、郦道元的《水经注》等都是中国古代地理方面的伟大发现和发明。到了明朝中后期，出现了一部以研究中国地形地理为主的著作《徐霞客游记》。

徐霞客（1587—1641年），名弘祖，字振之，霞客为别号，明朝末期地理学家、探险家、旅行家和文学家。徐霞客出身书香门第的地主家庭，先世科举成名，有很深的家学渊源，祖传万卷楼留下不少藏书，对他博览群书是十分有利的条件。徐霞客天资聪慧，记忆力极强，但是他对中国传统文化中的"四书五经"不感兴趣，尤爱历史、地理等奇书异闻。

徐霞客19岁时，父亲徐有勉逝世。按照古代的孝道，徐霞客要守孝3年，以表自己的孝心。在为父亲守孝期间，他便产生了远游的想法，但是"父母在，不远游"，老母亲尚在，徐霞客是不能远游的。徐霞客的母亲是个目光远大、能力很强的妇女，她常鼓励徐霞客："志在四方，男子事也。岂令儿以藩中雉、辕下驹坐困为？"在她的开导下，22岁的徐霞客走上了旅行考察祖国山川的道路。当

徐霞客第一次出游时，母亲亲手准备行装，还仿古做了一顶远游冠，以壮行色。从此直到他逝世，他的一生几乎都在游历中度过。

徐霞客在游历过程中，几次遇到生命危险，出生入死，尝尽了旅途的艰辛。徐霞客28岁那年，游历到温州，当地最有名的雁荡山成了他的目标。他想起古书上说的雁荡山顶有个大湖，就决定爬到山顶去看看。当他艰难地爬到山顶时，只见山脊笔直，哪里有湖的影子？可是，徐霞客没有放弃，继续前行，最终到了一个大悬崖前。他仔细观察悬崖，发现下面有个小小的平台，怀疑湖在那里，于是他借助一条长长的布带子悬空而下。他到了小平台上才发现并没有湖，而是斗深百丈。他只好爬回崖顶，爬着爬着带子突然断了，幸好他机敏地抓住了一块突出的岩石，不然就会掉下深渊，粉身碎骨。最终他万分艰难地爬回了崖顶。

还有一次，他去黄山考察，途中遇到大雪。雪有齐腰深，当地人都找不到上山的路。徐霞客毫不畏惧，挂了一根铁杖探路。山势越来越陡，山坡背阴的地方最难攀登，路上结成坚冰，又陡又滑，脚踩上去，就滑下来。徐霞客就用铁杖在冰上凿坑。脚踩着坑一步一步地缓慢攀登，终于爬了上去。山上的僧人看到他都十分惊奇，因为他们被大雪困在山上已经好几个月了。徐霞客惊人的游迹，的确可以说明他是一位千古奇人。

徐霞客一生行程数万里，把汗水撒在了大半个中国的土地上。他的心血，凝成一部不朽的巨著——《徐霞客游记》。这部游记具有极高的科学价值，为后人的研究提供了极其珍贵的资料，被称为

"古今游记第一"。

《徐霞客游记》是徐霞客一生最杰出的作品，开辟了地理学上系统观察自然、描述自然的新方向。它既是系统考察祖国地貌地质的地理名著，又是描绘华夏风景资源的旅游巨篇，还是文字优美的文学佳作。书中对石灰岩溶蚀地貌的观察和记述，比欧洲早了两个世纪，在国内外具有深远的影响。

《徐霞客游记》是以日记体为主的中国地理名著。

据说，徐霞客发现岩溶地貌是在一个叫"麻叶洞"的地方。"麻叶洞"在当时传说经常有妖精出没。徐霞客听说后非但不害怕，反而游兴大增。他到了洞口，四下一看，只见奇峰高耸，怪石嶙峋，险象环生。徐霞客不慌不忙，徐徐点燃手中的火把，便从黑洞里钻了进去。洞口很狭窄，仅容一人通过。洞内冷气袭人，阴森可怖，不时有水珠滴在颈上，令人毛骨悚然。也不知在里面绕了多久，只见侧面突然有一丝亮光，徐霞客忙绕了过去，随即被眼前的奇景惊得目瞪口呆：头顶的巨石上，齐刷刷裂开一丝狭缝，阳光从缝隙中射入，把洞中的景象映得宛如仙境一般。朦胧中，但见根根石柱从洞顶垂下，棵棵石笋从地上生出，千姿百态，变化万千，令人目不暇接。徐霞客心中明白，这是流水侵蚀岩石，溶化在水中的石膏（碳酸钙）逐渐凝结而形成的。

后来，在西南地区，徐霞客又多次仔细考察过石灰岩地貌。广西、贵州和云南三省有厚层石灰岩的连续分布，面积达50万平方公里，地处热带、亚热带，高温多雨，岩溶地貌发育最为典型。徐霞客利用3年时间在这个地区做了广泛考察，对岩溶地貌的分布、类型、特征和成因都进行了详细的记录和分析研究。在他的笔记里，详尽地记述了溶蚀对这里地貌所起的不可抗拒的巨大作用。溶蚀，不仅能造成孤立突兀的奇峰和圆形的洼地，还能形成状如门洞的"天桥"以及岩洞中奇妙绝伦的石钟乳、石笋。对石灰岩地貌做如此广泛、深入的考察和详细记录，徐霞客是世界第一人，比欧洲最早描述和考察石灰岩地貌的爱士培尔早100多年，而比欧洲最早对石灰岩地貌进行系统分类的罗曼更是早了两百多年。可以毫不夸张地说，徐霞客是世界上研究石灰岩地形地貌的伟大先驱者。

《皇舆全览图》

《皇舆全览图》是康熙皇帝组织编制的，是中国历史上第一幅有皇家组织编制的全国性的地图。地图描绘范围：东北至库页岛，东南至台湾，西至伊犁河，北至北海（贝加尔湖），南至崖州（今海南岛）。该图运用了先进的科学技术，是一份比较准确的地图。

康熙皇帝是中国封建社会在位时间最长的一位皇帝，也是拥有辉煌成就的统治者。康熙皇帝取得辉煌成就是和他的勤奋好学分不开的。据历史记载，康熙皇帝是历史上最勤奋的皇帝，从他开始亲政到去世，没有什么大事绝不会不上朝，而且每天睡觉时间只有四五个小时。康熙皇帝对各方面知识都有兴趣，有时间就会读书学习。

康熙本就对地理知识比较感兴趣，后来在南怀仁等人的影响下就更加关注地理。南怀仁进宫后和一个西方传教士合写了《西方要纪》，又绘制了世界地图《坤舆全图》，向康熙皇帝介绍西方地理知识，激发了他的兴趣。从那以后，康熙皇帝对《水经注》《洛阳伽蓝记》《徐霞客游记》等一系列介绍地理知识的书籍更加感兴趣了。康熙皇帝由于身份的原因几乎没机会像徐霞客和郦道元他们那样亲自考察地理环境，但是一有机会就派人去勘察地形。在每次出征的时候，他都会把勘察官带在身边，到了目的地就会派人去勘察当地地形。

康熙皇帝对西学的喜爱，闻名于世。法国的国王路易十四知道后，派了五位精通科学的耶稣会传教士到中国。五位传教士到达中国后，得到了康熙皇帝的热情接待。其中两位成了康熙皇帝的老师，他们都取了中国名字，一个叫张诚，一个叫白晋。康熙皇帝在两位老师的影响下，决心绘制一幅中国的疆域图，于是这一浩瀚的工程由此开始了。

中国国土广阔，世界上还没有测绘过中国的地图，所以这次绘制工作也是世界首创。正因为是首次，而且中国的疆域辽阔，给这次绘制工作增加了更多困难。

张诚和白晋建议康熙皇帝绘制本国地图，但是中国当时根本没有这方面的人才。这时白晋就奉命返回法国，向路易十四借测绘人才以完成此伟业。经过4年的准备工作，这项伟大的工作终于开始了。

测绘工程师们选择的第一站是中国的长城。长城绵延几万里，而且都是沿山脉建造，这无形中为测绘工作带来了很大的困难。测绘工程师们沿着长城勘测了1年零4个月，终于将长城的实测地理图完成了。康熙看到工程量如此巨大，而且难度大，就增派了人手，组成几个测绘队，由外国的测绘工程师带领着共同投入到全国地图的测绘工作之中。

人力投入虽然加大了，但是工程量实在巨大，分组进行的情况下，测绘工作仍然进行了10年之久，才将全国地图全部完成了。康熙皇帝也是中国历史上第一位在实测绘制的地图上，将万里江山一览无余的皇帝。激动不已的康熙当即挥毫，奋笔直书，将地图命名为"皇舆全览图"。

《皇舆全览图》以天文观测与星象三角测量方式进行，采用梯形投影法绘制，比例为四十万分之一。即使在欧洲，这桩地质学工程也令人瞩目。

《晓庵新法》

中国古代天文学从原始社会就开始萌芽了。公元前 24 世纪的尧帝时代，就设立了专职的天文官，专门从事"观象授时"。早在仰韶文化时期，人们就描绘了光芒四射的太阳形象。随着时代的进步、科学技术的提升，天文学也得到了快速发展。天文学家除了发现了太阳的形象、运行规律，哈雷彗星，月球等，还发现了金星的运行规律。王锡阐精通中国的数学与天文历算，同时贯通中西，取中西之长以达会通，在《晓庵新法》中提出了计算日月食初亏和复原方位角的新方法。他发明了计算金星水星凌日的方法，还提出了基数按月掩行星和五星凌犯的初终时刻的方法。

王锡阐，生于明崇祯元年（公元 1628 年），是清朝著名的天文学家。王锡阐出身于贫寒之家，他的天文学知识和数学知识都是自学的。王锡阐 17 岁时，明朝灭亡，清朝入关。面对改朝换代，王锡阐和许多传统的读书人一样，在心理上无法接受，于是选择自杀殉国。他先是投河，但遇救未死；接着他进行绝食，却在父母强迫之下不得不重新进食，但故国之思，亡国之痛，依旧伴随了他的一生。

由明末徐光启主持，招来华耶稣会士编撰的《崇祯历书》，系统地介绍了欧洲古典天文学。到了清朝，康熙帝热爱自然科学，尤好西洋天文数学，大力提倡。一时，士大夫研究西方天文历法成为风尚，为前代所未有。清政府又从一开始就用耶稣会士主持钦天监，并以《西洋新法历书》的名称颁行《崇祯历书》的删改本，即所谓新法，风靡一时。这时，王锡阐则认为，清朝是异族，不可以对明朝的《崇祯历书》做删改和研究。虽然他自己本身并不喜欢西方天文学，但为了他忠于明朝的决心，开始研究中外天文学。王锡阐发愤研究天文历法，从 20 多岁起，数十年勤奋不辍。由于对中国传统天文历法和西方天文学都做过较为深入的研究，王锡阐的意见尽管不无错误之处，但毕竟比较言之有据，与一般的泛泛之谈和盲目排外者有很大不同。

《晓庵新法》全书共6卷，是王锡阐最系统、最全面，也是自己最重视的天文学力作。在自序中，王锡阐对《崇祯历书》完全未采用传统模式这一事实感到遗憾："且译书之初，本言取西历之材质，归大统之型范，不谓尽堕成宪而专用西法如今日者也！"为此他"兼采中西，去其疵类，参以己意，著历法六篇"。

《晓庵新法》的第一卷和第二卷介绍的是作为天文计算基础的三角函数知识和基本天文数据。第三卷讲述朔、望、节气时刻，日、月、五星位置的计算。第四卷讨论昼夜长短、晨昏蒙影、月亮和内行星的盈亏现象，以及日、月、五大行星的视直径。第五卷求日食计算所需之视差和日心、月心连线的方向（后者称为"月体光魄定向"，用于日、月食方位的计算）。第六卷为日、月食预测及金星凌日、五星凌犯之推算。

纵观全书，《晓庵新法》有两大特点。第一，尽管王锡阐对西法有很多批评，但该书计算的主要依据仍然是西方的三角几何知识，但并未使用西方的小轮几何体系，也未建立宇宙模型。按照中国古典历法的传统，历法不必涉及宇宙模型问题。要预推天体视位置，也未必非建立宇宙模型不可，更不是非用小轮几何体系不可。这一特点向我们揭示：王锡阐对中、西历法所作之会通，可以说主要就是以传统方式表述西历之计算。

《晓庵新法》的第二个特点是有一些重要创新。像后两卷的"月体光魄定向"、金星凌日及五星凌犯的计算均为王氏首创或首次引入。王锡阐一方面受《几何原本》的影响，对所用到的数学名词和概念首先加以定义。另一方面，他又按中国古代数学传统，不用《几何原本》中一系列关于"角"的名词，代之以从《周髀算经》中发展而来的"折"的概念。这说明王锡阐在接受西洋方法的同时，也有坚持传统的一面。

《天下郡国利病书》

经济、政治、军事，是一个封建社会的主要组成部分，关乎着一个时代的盛衰。顾炎武的《天下郡国利病书》是对明朝的政治地理的综合叙述，是一本研究明代历史的重要史籍。

顾炎武（1613—1682年），著名思想家、史学家、语言学家，与黄宗羲、王夫之并称为明末清初三大儒。顾炎武本名绛，是伟大的爱国主义者，经常感慨时事。清朝入关后，他为了表明自己忠于明朝的决心，改名炎武。他的诗作也多感慨时事之作。这本《天下郡国利病书》则是他的爱国巨作。

顾炎武的性格形成和他的家庭不无关系。顾炎武本为顾同应之子，后来过继给他去世的堂伯顾同吉，由未婚守节的王述之女抚养。顾炎武的这位母亲"昼则纺织，夜观书至二更乃息"，经常给顾炎武讲爱国将领们的故事。顾炎武14岁取得诸生资格后，便与同里挚友归庄共入复社。顾炎武以"行己有耻""博学于文"为学问宗旨，屡试不中，"感四国之多虞，耻经生之寡术"，从此断然放弃科举。他针对当时晚明的社会政治腐败、人民生活困苦、外患日急，决心涉猎群书，如历代史乘、郡县志书，以及文集、章奏之类，辑录其中有关农田、水利、矿产、交通等记载，兼以地理沿革的材料，作为自己改

造社会、拯救国家的根据。

顾炎武在明朝末期就开始着手进行《天下郡国利病书》的写作。为了写作此书，顾炎武不仅阅读了很多书籍，还往来南北做实际调查，曲折行程二三万里。他的这种面对现实研究当代史地，解决国计民生问题的精神和学风极为值得后人推崇。

《天下郡国利病书》以讲究郡国利病贯穿全书，重点辑录了兵防、赋税、水利三方面内容。作者十分重视研究各地兵要地理，深感兵防之重要，所以书中对全国各地的形势、险要、卫所、城堡、关寨、岛礁、烽堠、民兵、巡司、马政、草场、兵力配备、粮草供应、屯田以及有关农民起义和其他社会动乱等方面资料，都进行了详细的纪录。梁启超在《中国近三百年学术史》中称此书为"政治地理学"。

《天下郡国利病书》对于边疆的形势和沿革叙述特别详细，全书汇总了政治、经济、军事、历史、地理等各方面资料，这些资料除了摘自方志，同时也辑录于实录、文集、邸抄及其他各种史料，其中不少今已失传，或已成罕见的碑刻和地方史志材料，十分珍贵。《四库全书总目》称其"杂取天下府州县志书及历代奏疏文集，并明代实录，辑录成编"，将其列入史部地理类，是有一定道理的。

顾炎武通过这本书不仅详细介绍了边疆的形势和沿革，而且也融入了自己浓浓的爱国深情。其中在有关云南省的篇章中，历述了云南、大理、临安、永昌、楚雄、曲靖、澄江、蒙化、鹤庆、姚安、广西、寻甸等府，以及车里、木邦、孟养等军民宣慰司的沿革。在"边备"一卷中介绍了辽东、宣府、大同、榆林、宁夏、甘肃、哈密等地的形势。在"河套"及"西域"二卷中叙述了交趾、安南、流求、日本、真腊、爪哇、三佛齐、暹罗、满剌加、苏门答腊、锡兰、佛郎几等国的位置、沿革、交通和物产等情况。顾炎武在介绍的时候无不透露出自己对祖国大好河山的喜爱和自豪之情。

发明创造

第四章

陶器和兵马俑

陶器，是制造技术上一个重大的突破。用泥土烧制的陶器，既改变了物体的性质，又塑造出便于使用的形状，使人们在处理食物时，除烧烤之外，又增加了蒸煮的方法。陶器是新石器时代先民制造的物品中数量最多的一种，也是这一时期工艺技术水平的代表性器物。陶器工艺品是中国最古老的工艺美术品。陶器的出现，开辟了人类发展史的新纪元。

陶器的发明，是人类第一次利用天然物，按照自己的意志，创造出来的一种崭新的东西。中国古代先民至少在1万年以前就已掌握了制作陶器的技术，并已懂得了在做炊器用的陶器中要加进砂粒，以防烧裂。

陶器的主要成分是硅和铝的无机盐类，无毒、无味，是制作生活用具的良好材料。人们将具有可塑性的黏土，用水湿润后，经过手捏、轮制、模塑等方法加工成型后，在阴凉通风处风干，干燥后在

800—1000 ℃高温下用火烧造而成的制品，就是陶器。

在陶器发明以前，人们为了取得熟食，有时把食物架在篝火上烤熟；或者用石头砌成一个大坑，把猎物去皮，放进坑内，盖上热灰，直到焖熟；还有的用灼热的石块将兽肉烫熟；或者把兽肉放入网中，泡入高温的泉水中，泡熟后食用。经过百万年的狩猎与采集生活，在原始的农耕作业生产过程中，人们对泥土的性质和状态有了更加深刻的认识。而居住环境的相对固定和生活资料的积累，使得人们开始研究储存生活资料的用具器物，在石制品、骨制品以及其他的自然物之外去寻找一种新材料，用以煮熟、储存食物，于是以水、火、泥的合成方式生产的陶器就应运而生了。

秦始皇兵马俑被列为"世界八大奇迹"之一。这些兵马俑造型逼真，无一雷同。车兵、步兵、骑兵列成各种阵势，严阵以待，遇敌出击，俨然一支整齐威严、浩浩荡荡的秦朝军队，保卫着秦始皇

地下王国的安全。

兵马俑身上隐蔽处多有刻画或戳印的文字，据一些专家研究，有些是陶匠的名字，有出自中央官制陶作坊的，也有出自地方陶作坊的。有些文字有待破解。秦兵马俑采用的是分体制作，然后安装和粘接，一般是粘接塑像成形后，再入室烘烤。

兵马俑多用陶冶烧制的方法制成，先用陶模做出初胎，再覆盖一层细泥进行加工刻画加彩，有的先烧后接，有的先接再烧，火候均匀、色泽单纯、硬度很高。当年的兵马俑各个都有鲜艳和谐的彩绘。在发掘过程中有的陶俑刚出土时局部还保留着鲜艳的颜色，但是出土后由于被氧气氧化，颜色不到一个小时便消失不见，化作白灰。现在能看到的只是残留的彩绘痕迹。

秦始皇兵马俑整体风格浑厚，健美，洗练。如果仔细观察，脸型、发型、体态、神韵均有差异，从中可以看出秦兵来自不同的地区，有不同的民族，人物性格也不尽相同。陶马双耳竖立，有的张嘴嘶鸣，有的闭嘴静立。所有这些秦始皇兵马俑都富有感人的艺术魅力。

青铜器

青铜器是中华民族古老灿烂文明的载体，是世界冶金铸造史上最早的合金，是人类历史上的一项伟大发明。中国古代铜器，是古代先民对人类物质文明的巨大贡献，在世界艺术史上占有独特地位。

青铜器是由青铜制成的器具。青铜，古称金或吉金，是红铜与其他化学元素（锡、镍、铅、磷等）的合金，其铜锈呈铜绿色，因此而得名。史学上所称的"青铜器时代"是指大量使用青铜工具及青铜礼器的时期。这一时期主要从夏、商、周直至秦、汉，时间跨度为两千年左右，是青铜器从发展、成熟直至鼎盛的时期。青铜器以其独特的器形、精美的纹饰、典雅的铭文向人们揭示了先秦时期的铸造工艺、文化水平和历史源流，被称为"一部活生生的史书"。

青铜器具有炊器、食器、酒器、水器、乐器、车马饰、铜镜、带钩、兵器、工具和度量衡器等。最初出现的是小型工具或饰物。夏代开始有青铜容器和兵器。商代中期，青铜器品种已很丰富，并出现了铭文和精细的花纹。商晚期至西周早期，是青铜器发展的鼎盛时期，器型多种多样，浑厚凝重，铭文逐渐加长，花纹繁缛富丽。随后，青铜器胎体开始变薄，纹饰逐渐简化。春秋晚期至战国，由于铁器的推广使用，铜制工具越来越少。秦汉时期，随着瓷器和漆器进入日常生活，铜制容器品种减少，装饰简单，多为素面，胎体也更为轻薄。

中国古代铜器，是古代先民对人类物质文明的巨大贡献。虽然从目前的考古资料来看，中国铜器的出现晚于世界上其他一些地方，但是就铜器的使用规模、铸造工艺、造型艺术及品种而言，世界上没有一个地方的铜器可以与中国古代铜器相比拟。

青铜器真正被做出来的时候颜色是很漂亮的，是黄金般的土黄色，因为埋在土里生锈才一点一点变成绿色的。由于青铜器完全是由手工制造，所以每一件都是独一无二的，具有很高的观赏价值。

自从有了青铜器，中国农业和手工业的生产力水平不断提高，物质生活也逐渐丰富。中国人民所创造的灿烂青铜文化，在世界文化遗产中占有独特的地位。

随着原始社会的发展，鼎由最初烧煮食物的炊具逐步演变为一种礼器，成为权利与财富的象征。鼎的多少，反映了地位的高低；鼎的轻重，标志着权力的大小。

出土于河南安阳的后母戊鼎，重 832.84 千克，是世界迄今出土的最重的青铜器，现收藏于中国国家博物馆，是中国国家一级文物。

后母戊鼎是商王武丁的儿子为祭祀母亲而铸造的，是商朝青铜器的代表作。该鼎器型高大厚重，纹饰华丽，工艺高超，又称后母戊大方鼎，高133厘米、口长112厘米、口宽79.2厘米，四足中空。鼎腹为长方形，上竖两只直耳（发现时仅剩一耳，另一耳是后来据另一耳复制补上），下有4根圆柱形鼎足，是目前世界上发现的最大的青铜器。

后母戊鼎的铸造工艺十分复杂，是用陶范（亦称"印模"，铸造青铜器的陶质模型）铸造。根据铸痕观察，鼎身与四足为整体铸造。鼎身共使用8块陶范，每个鼎足各使用3块陶范，器底及器内各使用4块陶范。鼎耳则是在鼎身铸成之后再装陶范浇铸而成。铸造后母戊鼎，所需金属原料超过1000千克。而且，制作如此大型的器物，在塑造泥模、翻制陶范、合范灌注等过程中，存在一系列复杂的技术问题，同时必须配备大型熔炉。后母戊鼎的铸造，充分说明商代后期的青铜铸造不仅规模宏大，而且组织严密，分工细致，足以代表高度发达的商代青铜文化。

漆器的发明

中国是世界上最早发现并使用天然漆的国家。漆器工艺是华夏文化宝库中一颗璀璨夺目的明珠，是中国古代在化学工艺及工艺美术方面的重要发明，是中国对世界文明的一项重大贡献。

用漆涂在各种器物的表面上所制成的日常器具及工艺品、美术品等，一般称为"漆器"。生漆是从漆树割取的天然液汁，主要由漆酚、漆酶、树胶质及水分构成。用它作涂料，有耐潮、耐高温、耐腐蚀等特殊功能，又可以配制出不同色漆，光彩照人。

中国制造漆器的历史悠久，是世界上最早发现并使用天然漆的国家。从新石器时代起就认识了漆的性能并用以制器。夏、商、西周三代已逐渐从单纯使用天然漆到使用色料调漆。人们不断熟悉、了解漆的性能，改造、利用漆所特有的经久耐牢、不褪色、不怕潮湿、鲜亮美观等性能，为美化自己的生活服务。

经过长期的实践，人们在对漆器胎质的选择、制作，对色漆的调配、使用，对漆器纹饰的绘制组合等方面，积累了越来越丰富的经验，把漆器制作发展成为一门专门的工艺，并达到很高的水平，形成中国所特有的漆器工艺，达到了相当高的水平。

推光漆器是一种工艺性质的高级油漆器具，以手掌推出光泽而得名。平遥推光漆器外观古朴雅致、闪光发亮，绘饰金碧辉煌，手感细腻滑润，耐热防潮，经久耐用，堪称漆器中的精品。

平遥推光漆器的生产分木胎、灰胎、漆工、画工和镶嵌五道工序。木胎车间使用松木做出各种家具的木胎后，灰胎车间就用白麻缠裹木胎，抹上一层用猪血调成的砖灰泥，叫作"披麻挂灰"。漆工车间的工序是非常细致和复杂的。在灰胎上每刷一道漆，都要先用水砂纸蘸水擦拭，擦拭完毕，再用手反复推擦，直到手感光滑，再进行刷漆，多则刷七遍，少则刷六遍，其后的推擦就更细致了。先用粗水砂纸推，再用细水砂纸推，用棉布推，丝绢推，卷起一缕人发推，手蘸麻油推，手蘸豆油推，掌心反复推。凭眼力，凭细心，凭感觉，凭次数，推得漆面生辉，光洁照人。画工和镶嵌车间，对技术的要求更高。画工必须学习绘画4年以上，掌握了绘画的基本技巧，才允许在漆面上独立操作。刻绘工人的刀锋，要求像笔锋一样，粗细相间，深浅适度，起落自如。镶嵌原件的制作台上，团团烟光紫气，叮叮有声，工人们把河蚌壳、螺钿、象牙以及彩色石头加工成各种原件，由镶嵌工人根据图案的要求巧妙地镶妥粘牢。

清朝以前，推光漆器为素底描金，清初开始以金漆器为主，中期创出了增厚漆层、推出光泽新工艺。自此，平遥推光漆器形成以磨推漆面与描金彩画相结合的独特工艺风格。

鲁班与土木工具发明

鲁班生活在春秋末期到战国初期，处于一个社会转型和技术革命的时期。当时的工匠只能凭双手的感觉来制作土木工具，而鲁班则用巧夺天工的土木工艺改写了这一切。

鲁班，姓公输，名般，生活在春秋末期到战国初期。因为是鲁国人，"般"和"班"同音，古时通用，故人们常称他为鲁班。鲁班出身于世代工匠的家庭，从小就跟随家里人参加过许多土木建筑工程劳动，逐渐掌握了生产劳动的技能，积累了丰富的实践经验。春秋战国之交，社会变动使工匠获得某些自由和施展才能的机会。在这种情况下，鲁班在机械、土木、手工工艺等方面都有所发明。

鲁班很注意对客观事物的观察、研究，他受到自然现象的启发，致力于创造发明。一次他登山时，手指被一棵小草划破，便摘下小草仔细察看，发现草叶两边全是排列均匀的小齿，于是就模仿草叶制成伐木的锯。他看到小鸟在天空自由自在地飞翔，就用竹木削成飞鹞，借助风力在空中试飞。开始飞的时间较短，经过反复研究，不断改进，竟能在空中飞行很长时间。

大约在公元前450年以后，鲁班从鲁国来到楚国，帮助楚国制造兵器。他曾创制云梯，准备攻打宋国，但被墨子制止。墨子主张制造实用的生产工具，反对为战争制造武器，鲁班接受了这种思想。

鲁班的发明创造有很多，其中木工使用的很多工具器械都是他创造的。如曲尺（也叫矩或鲁班尺）、墨斗、刨子、钻子，以及凿子、铲子、锯子等工具，传说都是他发明的。这些木工工具的发明使当时工匠们从原始、繁重的劳动中解放出来，劳动效率成倍提高，土木工艺出现了崭新的面貌。

另据《世本》记载，石磨也是鲁班发明的。传说鲁班用两块比较坚硬的圆石，各凿成密布的浅槽，合在一起，用人力或畜力使它转动，就把米面磨成粉了，这就是我们所说的磨。在此之前，人们加工粮食是把谷物放在石臼里用杵来舂捣，而磨的发明把杵臼的上下运动改成旋转运动，使杵臼的间歇工作变成连续工作，大大减轻了劳动强度，提高了生产效率，这是古代粮食加工工具的一大进步。

鲁班是中国古代一位最优秀的土木建筑工匠，一直被土木工匠尊奉为"祖师"。

鲁班作为土木工匠的祖师，两千多年来，一直受到人们的尊敬和纪念。

每年的6月13日是鲁班师傅诞，这是木艺工会最重视的节日。木艺工人十分注重尊师重道精神，他们最尊崇的师傅就是鲁班。木艺行业可谓是最古老的行业，木工在建筑业中一直占有很重要的地位。木工每到鲁班师傅诞这天，都会进行庆贺，并且有一项很特别的传统活动，就是派"师傅饭"。

所谓"师傅饭"，就是在鲁班师傅诞那天用大铁锅煮的白饭，再加上一些粉丝、虾米、眉豆等。相传吃了师傅饭的小孩子，不仅能像鲁班那么聪明，而且很快长高长大，健康伶俐。以前，有时会在贺诞这一天请一班艺人回来唱八音，或者请一台木偶戏来演出，这些都视当年的经济情形而定。总之，师傅诞这天的庆贺是极为隆重的。

指南针

指南针是中国四大发明之一，是中国古代科学技术发展史上的重大进步。指南针及磁偏角理论在远洋航行中发挥了巨大的作用，使人们第一次获得了全天候航行的能力，人类第一次得到了在茫茫大海中任意航行的自由。

指南针是一种判别方位的简单仪器，又称指北针。指南针是磁铁做成的。磁铁能吸铁，通常称为"吸铁石"，古代称为"慈石"，因为它一碰到铁就吸住，好像一个慈祥的母亲吸引自己的孩子一样。每块磁铁两头都有不同的磁极，一头叫正极，另一头叫负极。人类居住的地球也是一块天然大磁铁，地球的南北两头也有不同的磁极，地球的北极是负磁极，地球的南极为正磁极。根据同性磁极相排斥，异性磁极相吸引的原理，拿一根可以自由转动的磁针，无论站在地球的什么地方，它的正极总是指北，负极总是指南。

中国是世界上公认的发明指南针的国家。指南针的前身是司南。

司南是用天然磁石制成的。外形像一把汤勺，圆底，可以放在平滑的"地盘"上并保持平衡，且可以自由旋转。当它静止的时候，勺柄就会指向南方。司南的出现是人们对磁体指极性认识的实际应用。

地球的两个磁极和地理的南北极只是接近，并不重合。磁针指向的是地球磁极而不是地理的南北极，这样磁针指的就不是正南、正北方向，而略有偏差，这个角度就叫磁偏角。又因为地球近似球形，所以磁针指向磁极时必向下倾斜，和水平方向有一个夹角，这个夹角称为磁倾角。不同地点的磁偏角和磁倾角都不相同。成书于北宋的《武经总要》在谈到用地磁法制造指南针时，就注意利用了磁倾角。沈括的《梦溪笔谈》谈到指南针不全指南，常微偏东。磁偏角和磁倾角的发现使指南针的指向更加准确。

中国古代航海业相当发达。秦汉时期，中国就已经同朝鲜、日本有了海上往来；到隋唐五代，这种交往已经相当频繁，同阿拉伯各国之间的贸易关系也已经很密切。到了宋代，这种海上交通更得到进一步的发展。中国庞大的商船队经常往返于南太平洋和印度洋的航线上。

海上交通的迅速发展和扩大，是和指南针在航海上的应用分不开的。在指南针用于航海之前，海上航行只能依据日月星辰来定位，一遇到阴晦天气，就束手无策。而在指南针用于航海之后，无论什么时候都可以辨认航向。

史籍中最早记载到指南针用于航海的是北宋。当时由于人们依据日月星辰定位已有1000多年的经验，而对指南针的使用还不熟练，指南针还只是在见不到日月星辰的日子里才用。随着指南针在海上航行的不断应用，人们对它的依赖也与日俱增，并且有专人看管。

到了元代，指南针一跃而成为海上指航的最重要仪器，不论冥晦阴暗，都利用指南针来指航。而且这时海上航行还专门编制出罗盘针路，船行到什么地方，采用什么针位，一路航线都一一标志明白。

明初航海家郑和"七下西洋"，扩大了中国的对外贸易，促进了东西方的经济和文化交流，加强了中国的国际政治影响，增进了中国同世界各民族的友谊，做出了卓越的贡献。这样大规模的远海航行之所以安全无虞，全赖于指南针的忠实指航。指南针为郑和开辟中国到东非航线提供了可靠的保证。

指南针作为一种指向仪器，在中国航海事业上，发挥了重要的作用。

代田法与耕作技术的革新

赵过为中国早期的农业生产做出了巨大的贡献。他所创造的新农具和新耕作技术，使许多农民减轻了负担，在古代农业科学技术的发展史上占有重要的地位。

赵过，西汉农学家，籍贯和生卒年不详。汉武帝时连年征战，大兴土木，疏于农业，以致国库空虚，朝野不安。汉武帝后悔征伐之事，提出"方今之务，在于力农"，任命赵过为搜粟都尉。

赵过总结前人耕作经验，发明了代田法，可使土地部分利用和休闲轮番交替，在肥料不足的情况下使地力能得到自然恢复和增进。

中国北方黄河流域雨量少，尤其春旱多风。沟里能保持住一定的温度和水分，将种子播种在内，有利于出苗；幼苗出土后，在沟里也可减少叶面蒸发，生长健壮；中耕除草时，将垄上的土培在作物根部，直至垄平为止，这样作物根部深下，能吸收更多水分，可耐风、旱和抗倒伏。因此，代田的增产效果显著。

赵过推广代田法时，组织工作做得很细致，有计划、有步骤。首先，在"离宫"（正式宫殿之外别筑的宫室）内空地上试验，证实确比"旁田"多收一斛以上；其次，对县令长、乡村中的"三老""力田"

和有经验的老农进行技术训练，再通过他们把新技术逐步推广出去；最后，以公田和"命家田"作为重点推广对象，然后普遍开展。

代田法为黄河流域旱作地区防风抗旱的多种农法之一，不仅对于恢复凋敝的农村经济起到一定的作用，而且对后世农业技术的发展也有深远的影响。

推广代田法的同时，赵过又大力推广牛耕，并发明了功效高的播种机——耧车，以适应代田整地、中耕和播种的需要。

牛耕起源于商代，但在战国以前一直没有得到发展。到汉武帝初年，牛耕也只限于富豪之家，一般农民仍主要使用木制或铁制耒耜。赵过推广的牛耕为"耦""二牛三人"，操作时，二人牵牛，一人扶而耕。东汉时这种耕作法推广至辽东，开始时也是"两人牵之，一人将之"。新中国成立前，云南宁蒗纳西族仍保留着二牛三人耕作法，在耕地时，一人牵着两头牛，后面一人扶，中间一人压辕以掌握耕地深度。

二牛三人耕作法反映了牛耕初期时的情形，因为那时驾驭耕牛技术还不熟练，铁构件和功能也尚不完备。赵过总结劳动人民经验并吸收前代播种工具的长处，发明了三脚耧车。

三脚耧车是从独脚耧、二脚耧发展而来。独脚耧大约起源于铁制农具比较普遍使用的战国时期。赵国发明的三脚耧车，下有3个开沟器，播种时，用一头牛拉着耧车，耧脚在平整好的土地上开沟进行条播。耧车把开沟、下种、覆盖、镇压等全部播种过程统一起来，一次完工，既灵巧合理，又省工省时，其效率达到"日种一顷"。

浑天仪与地动仪

张衡是东汉时期伟大的天文学家、数学家、发明家、地理学家、制图学家、文学家、学者，在汉朝官至尚书，为中国天文学、机械

技术、地震学的发展做出了不可磨灭的贡献，被后世称为"科圣"。联合国天文组织曾将太阳系中的1802号小行星命名为"张衡星"。

张衡在天文学方面的主要成就是著《灵宪》、造浑天仪。

关于宇宙的起源，《灵宪》主张浑天说，认为宇宙最初是一派无形无色的阴的精气，幽清寂寞。这是一个很长的阶段，称为"溟涬"。这一阶段乃是道之根。从道根产生道干，气也有了颜色。但是，"混沌不分"，看不出任何形状，也量不出它的运动速度。这种气叫作"太素"。这又是个很长的阶段，称为"庞鸿"。有了道干以后，开始产生物体。这时，"元气剖判，刚柔始分，清浊异位，天成于外，地定于内"。天地配合，产生万物。这一阶段叫作"太玄"，也就是道之实。《灵宪》把宇宙演化三阶段称之为道根、道干、道实。

张衡在《灵宪》中继承和发展了中国古代的思想传统，认为宇宙并非生来就是如此，而是有个产生和演化的过程。他所代表的思想传统与西方古代认为宇宙结构亘古不变的思想传统大相径庭，却和现代宇宙演化学说的精神有所相通。

浑天仪是张衡发明的一种演示天球星象运动的仪器。它的外部轮廓像一个圆球，这与张衡所主张的浑天说相吻合，因此命名为浑天仪。张衡的浑天仪，主体与今天的天球仪相仿。浑天仪的黄、赤道上都画上了二十四节气。浑天仪上还有日、月、五星，贯穿浑天仪的南、北极，有一根可转动的极轴。浑天仪转动时，球上星体有的露出地平环之上，就是星出；有的正过子午线，就是星中；而没入地平环之下的星就是星没。

张衡在地震学领域做出了杰出贡献。在张衡所处的东汉时代，地震比较频繁。地震区有时大到几十个郡，引起地裂山崩、江河泛滥、房屋倒塌，造成了巨大的损失。

张衡对地震有很多亲身体验。为了掌握全国地震动态，他经过长年研究，终于在阳嘉元年（公元132年）发明了候风地动仪，这是世界上第一架地震仪。它有8个方位，每个方位上均有一条口含铜珠的龙，在每条龙的下方都有一只蟾蜍与其对应。任何一方如有地震发生，该方向龙口所含铜珠即落入蟾蜍口中，由此便可测出发生地震的方向。当时张衡利用这架仪器成功地测报了西部地区发生的一次地震，引起了全国的重视。这比起西方国家用仪器记录地震的历史早1000多年。

张衡设计的地动仪，是当时浑天学说的体现。

浑天说认为，天地是浑然一体的，天圆得像鸡蛋，地像包在里面的蛋黄，日、月、星辰都在蛋壳上不断地转动。张衡设计的地动仪体似酒樽（卵形），象征浑天说的天；立有都柱的平底，表示大地，笼罩在天内；仪器上雕刻的山龟鸟兽等可能象征着山峦和青龙、白虎、朱雀、玄武等二十八宿，所刻篆文可能表示八方之气；八龙在上象征阳，蟾蜍居下象征阴，构成阴阳上下的动静的辩证关系；都柱象征天柱，居于顶天立地的地位。

造纸术的革新

造纸术是中国古代科学技术的"四大发明"之一。自从蔡伦革新了造纸术以后，纸张便以新的姿态进入社会文化生活之中，并逐步在中华大地开播开来，之后又传播到世界各地，大大促进了世界科学文化的传播和交流，深刻地影响了世界历史的进程。

西汉初年，政治稳定，思想文化十分活跃，对传播工具的需求迫切，纸作为新的书写材料应运而生。许慎著《说文解字》谈到"纸"的来源，"'纸'从系旁，也就是'丝'旁。"从中可以看出当时的纸主要是用绢丝类物品制成，与现在意义上的纸是完全不同的。许慎认为纸是丝絮在水中经打击而留在床席上的薄片。这种薄片可能是最原始的"纸"，有人把这种"纸"称为"赫蹏"。

中国是世界上最早养蚕织丝的国家，在西汉时代已经能制作丝绵。方法是把蚕茧煮过以后，放在竹席子上，再把竹席子浸在河水里，将丝绵冲洗打烂。丝绵做成以后，从席子上拿下来，席子上常常还残留着一层丝绵。等席子晒干了，这层丝绵就变成一张张薄薄的丝绵片，剥下来就可以在上面写字。这种薄片就是"赫蹏"。

蔡伦，字敬仲，汉族，东汉桂阳郡人，永平末年（公元75年）入宫为宦官，历任小黄门、中常侍兼尚方令、长乐太仆等职。元初元年（公元114年），安帝封蔡伦为龙亭侯，食邑三百户。蔡伦为人敦厚谨慎，关心国家利益，办事专心尽力。永元四年（公元92年），蔡伦任尚方令，主管宫内御用器物和宫廷御用手工作坊。

以前，书籍大多是用竹子做的，书体厚重，不易携带。还有些书是用丝绸做的，虽不厚重，成本却极为昂贵，得不到普及。

蔡伦认真总结了前人的经验，他认为扩大造纸原料的来源，改进造纸技术，提高纸张质量，就可以使纸张为大家接受。蔡伦首先使用树皮造纸，树皮是比麻类丰富得多的原料，这可以使纸的产量大幅度提高。树皮中所含的木素、果胶、蛋白质远比麻类高，因此树皮的脱胶、制浆要比麻类难度大，这就促使蔡伦改进造纸的技术。西汉时利用石灰水制浆，东汉时改用草木灰水制浆，草木灰水有较大的碱性，有利于提高纸浆的质量。元兴元年（公元105年），蔡伦把他制造出来的一批优质纸张献给汉和帝刘肇，得到汉和帝的称赞。

蔡伦发明的"蔡侯纸"，作为一种全新的书写材料，很快被皇族显贵和普通老百姓所接受，获得了朝廷的首肯和民间的普遍认同。"蔡侯纸"以其轻薄、光滑、洁白、便宜易得、便于挥毫为特征，将流行于世千百年的竹简木牍和丝质书写品尘封，一场书写材料的大革命由此展开。

魏晋南北朝时期纸广泛流传，普遍为人们所使用，造纸术进一步提高。造纸原料也多样化，纸的名目繁多，如竹帘纸、藤纸、鱼卵纸等。蔡伦造纸的原料广泛，以烂鱼网造的纸叫网纸，破布造的纸叫布纸。

造纸术在 3 世纪时传到朝鲜、日本。8 世纪时，传到了阿拉伯。十字军东征后，传到欧洲，最后到了美洲。这场革命推动了全球文明的发展，在人类的发展史上功不可没。

织绫机和水车

马钧是中国古代的机械大师。他的很多发明创造对当时生产力的发展起了相当大的作用。他在传动机械方面造诣很深，被人们称为"天下之名巧"。

马钧，字德衡，三国时期魏国扶风（今陕西省兴平市）人。马钧出身贫寒，从小口吃，不善言谈。但是他很喜欢思索，善于动脑，同时注重实践，勤于动手，尤其喜欢钻研机械方面的问题。马钧早

年生活比较贫困，长时间住在乡间，比较关心生产工具的改革，并做出了突出贡献。

绫是一种表面光洁的提花丝织品。中国是世界上生产丝织品最早的国家，可生产效率很低。中国劳动人民在生产实践中逐步发明了简单的织绫机。这种织绫机有 120 个蹑（踏具），人们用脚踏蹑管理它，织一匹花绫需要两个月左右。后来，这种织绫机虽然经过多次简化，但到三国时仍然是 50 根经线的织绫机 50 蹑，60 根经线的织绫机 60 蹑，非常笨拙。

马钧看到工人在这种织绫机上操作，累得汗流浃背，生产效率却很低，就下决心改良这种织绫机。他深入到生产过程中，认真研究了旧式织绫机，重新设计了一种新式织绫机。

新织绫机简化了踏具，改造了桄运动机件（开口运动机件）。原来的织绫机 50 根经线的 50 蹑，或 60 根经线的 60 蹑，综合控制着经线的分组、上下开合，以便梭子来回穿织。马钧将其全部改成 12 蹑。

改进后的新织绫机不仅更精致，更简单适用，而且生产效率也比原来的提高了四五倍，织出的提花绫锦花纹图案奇特，花型变化多端。新织绫机的诞生，大大加快了中国古代丝织工业的发展速度，并为中国家庭手工业织布机奠定了基础。

在没有实现电力提水浇灌农田以前，中国的许多地区都广泛使用着一种龙骨水车，也叫翻车。它应用齿轮的原理汲水，非常好用。中国应用水车有着悠久的历史。大约在东汉时期，翻车就出现了，但那时的翻车还比较粗糙，可以说是龙骨水车的前身。

马钧当时在魏国是一个小官，经常在京城洛阳居住。当时在洛阳城里，有一大块非常适合种蔬菜的坡地，老百姓很想把这块土地开辟成菜园。可由于无法引水浇地，坡地一直空闲着。

马钧看到后，下决心要解决灌溉上的困难。经过反复研究、试验,他终于创造出一种翻车。马钧创造的这种翻车,"其巧百倍于常",用时极其轻便,连小孩也能转动。它不但能提水,而且还能在雨涝的时候向外排水。

翻车把河里的水引上了土坡,老百姓多年的愿望终于实现了。这种翻车,是当时世界上最先进的生产工具之一。从那时起,翻车一直被中国乡村历代所沿用,直至实现电动机械提水以前,一直发挥着巨大的作用。

推进历史进程的火药

火药的发明大大推进了世界历史的进程,标志着人类改造大自然的能力进一步增强,对军事武器的发展也有着重要意义。火药是中国古代四大发明之一,在化学史上占有重要地位。

火药,又被称为"黑火药",由硫黄、硝石、木炭混合而成。早在新石器时代,古代先民在烧制陶器时就认识了木炭,把它当作燃料。木炭灰分比木柴少,强度高,是比木柴更好的燃料。硫黄天然存在,很早人们就对它进行开采。古人掌握最早的硝,可能是墙角和屋根下的土硝。硝的化学性质很活泼,能与很多物质发生反应。

火药是由古代炼丹家发明的。从战国至汉初,帝王贵族们幻想神仙长生不老,驱使一些方士、道士炼"仙丹"。炼丹术的目的和动机都是荒谬可笑的,但它的实验方法导致了火药的发明。

炼丹家对于硫黄、砒霜等具有猛毒的金石药,在使用之前,常用烧灼的办法使毒性失去或降低,称为"伏火"。唐初的名医兼炼丹家孙思邈曾记载:硫黄、硝石各二两,研成粉末,放在销银锅或砂罐子里。掘一地坑,放锅子在坑里和地平,四面都用土填实。把没有被虫蛀过的 3 个皂角逐一点着,然后夹入锅里,把硫黄和硝石烧起焰火。等到烧不起焰火了,再拿木炭来炒,炒到木炭消去三分之一，就退火，趁还没冷却，取入混合物，这就伏火了。

伏火的方子都含有碳素，而且伏硫黄要加硝石，伏硝石要加硫黄。这说明炼丹家有意要使药物引起燃烧，以使猛毒去掉。虽然炼丹家知道硫、硝、碳混合点火会发生激烈的反应，并采取措施控制反应速度，但是因药物伏火而引起丹房失火的事故时有发生。

《太平广记》中有一个故事，说的是隋朝初年，有一个叫杜春子的人去拜访一位炼丹老人，当晚住在那里。半夜杜春子梦中惊醒，看见炼丹炉内有"紫烟穿屋上"，顿时屋子燃烧起来。这可能是炼丹家配置易燃药物时疏忽而引起火灾。书中告诫炼丹者要防止这类事故发生。这说明唐代的炼丹者已经知道，硫、硝、碳三种物质可以构成一种极易燃烧的药，这种药被称为"着火的药"，即火药。

火药的配方由炼丹家转到军事家手里，就成为中国古代四大发明之一的黑色火药。

火药发明于隋唐时期，最初并不是使用在军事上，而是用于宋代诸军马戏的杂技演出，以及木偶戏中的烟火杂技——"药发傀儡""抱锣""硬鬼""哑艺剧"等节目，都运用刚刚兴起的火药制品"爆仗"和"吐火"等，以制造神秘气氛。宋人同时也以火药表演幻术，如喷出烟火云雾以遁人、变物等，以达到神奇迷离的效果。

火药被军事家利用后，制造出火药武器，用于战争。火药发明之前，火攻是军事家常用的一种进攻手段。那时在火攻中，用了一种叫作火箭的武器，它是在箭头上绑一些像油脂、松香、硫黄之类的易燃物质，点燃后用弓射出去，可以烧毁敌人的阵地。如果用火药代替一般易燃物，效果就会好很多。

两宋时期火药武器发展很快。据《宋史·兵记》记载：970年，兵部令史冯继升进火箭法，这种方法是在箭杆前端缚火药筒，点燃后利用火药燃烧向后喷出的气体的反作用力把箭镞射出，这是世界上最早的喷射火器。1000年，士兵出身的神卫队长唐福向宋朝廷献出了他制作的火箭、火球、火蒺藜等火器。1002年，冀州团练使石普也制成了火箭、火球等火器，并做了表演。

火药兵器在战场上的出现，预示着军事史上将发生一系列的变革——从使用冷兵器阶段向使用火器阶段过渡。火药应用于武器的最初形式，主要是利用火药的燃烧性能，还没有脱离传统火攻中纵火兵器的范畴。随着火药和火药武器的发展，逐步过渡到利用火药的爆炸性能。

硝酸钾、硫黄、木炭粉末混合而成的火药被称为黑火药，极易燃烧，而且烧起来相当激烈。如果火药在密闭的容器内燃烧，就会发生爆炸。火药燃烧时能产生大量的气体（氮气、二氧化碳）和热量。原来体积很小的固体的火药，体积突然膨胀，猛增至几千倍，这时容器就会爆炸。这就是火药的爆炸性能。利用火药燃烧和爆炸的性能，可以制造各种各样的火器。北宋时期使用的蒺藜火球、毒药烟球都是利用黑火药燃烧爆炸的原理制造的，不过爆炸威力比较小。北宋末年出现了爆炸威力比较大的"霹雳炮""震天雷"等火器。这类火器主要是用于攻坚守城。

今天，火药不仅仅用于制造枪炮，开山筑路、挖矿修渠都离不开它，所以一些外国科学家说：火药的发明，加快了人类历史演变的进程。

唐三彩

唐三彩是盛唐时期产生的一种彩陶工艺品，以造型生动逼真、色泽艳丽和富有生活气息而著称，是唐代陶器中的精华。唐三彩作为传统的文化产品和工艺美术品，不仅在中国的陶瓷史上和美术史上有一定的地位，在中外的文化交流上也起到了重要作用。

唐三彩盛行于唐朝，以黄、褐、绿为基本釉色，所以被称为"唐三彩"。

唐三彩是一种低温铅釉陶器，在色釉中加入不同的金属氧化物，经过焙烧，便形成浅黄、赭黄、浅绿、深绿、天蓝、褐红、茄紫等多种色彩，但多以黄、褐、绿三色为主。它主要是陶坯上涂上的彩釉，在烘制过程中发生化学变化，色釉浓淡变化、互相浸润、斑驳淋漓、色彩自然协调、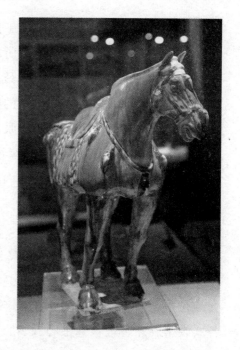花纹流畅，是一种具有中国独特风格的传统工艺品。

唐三彩在唐代的兴起是有历史原因的。首先陶瓷业的飞速发展，以及雕塑、建筑艺术水平的不断提高，促使它们之间不断结合、发展，这些都能在唐三彩的器物上表现出来。

其次，唐代贞观之治以后，国力强盛，这却导致了一些高官生活的腐化，厚葬之风日盛。唐三彩作为一种冥器，曾经被列入官府的明文规定：一品、二品、三品、四品，规定了允许随葬的件数。但是其实这些达官显贵们并不满足于明文的规定，往往比官府规定要增加很多倍。官风如此，民风当然也是这样，从上到下就形成了厚葬之风，唐三彩得以在中原地区迅速发展和兴起。

唐三彩的造型丰富多彩，一般可以分为动物、生活用具和人物三大类，而其中动物居多。动物以马和骆驼居多。这和当时的时代背景有关。

在古代马是人们重要的交通工具之一，战场上需要马，农民耕田需要马，交通运输也需要马，所以唐三彩出土的马比较多。马的造型比较肥硕，据说这个品种的马是从西域进贡过来的，和我们现在看到的马的形状不大相同，马的臀部比较肥，颈部比较宽。唐马以静为主，但是静中带动。马的眼部是刻成三角形的，眼睛是圆睁的，然后马的耳朵是贴着的，好像在静听或者听到有什么动静似的，通过这样的细部刻画来显示马的内在精神和韵律，从中也可看出匠人们高超的制作工艺。

另外，出土的骆驼也比较多，这和当时中外贸易有关，骆驼是长途跋涉的交通工具之一，丝绸之路沿途需要骆驼作为交通工具。

人物造型有妇女、文官、武将、胡俑、天王，根据人物的社会地位和等级，刻画出不同的性格和特征：贵妇面部丰圆，梳成各式发髻，穿着色彩鲜艳的服装，文官彬彬有礼，武士刚烈勇猛，胡俑高鼻深目，天王怒目威武、雄壮气概，堪称中国古代雕塑的典范。

活字印刷术：伟大的技术革命

活字印刷术由北宋平民毕昇发明，是印刷史上一次伟大的技术革命。活字印刷彻底克服了雕版印刷的缺点，大大提高了工作效率，并传到日本、欧洲等国家，为人类文化的传播和继承做出了重大贡献，被誉为中国古代四大发明之一。

汉朝发明纸以后，书写材料比起甲骨、简牍、金石和棉帛要轻便、经济得多，但是抄写书籍是非常费工的，远远不能适应社会发展的需要。隋朝时，人们从刻印章中得到启发，发明了雕版印刷术。

雕版印刷是在一定厚度的平滑的木板上，粘贴上抄写工整的书稿，薄而近乎透明的稿纸正面和木板相贴，字就成了反体，笔画清晰可辨。雕刻工人用刻刀把版面没有字迹的部分削去，就成了字体凸出的阳文，和字体凹入的碑石阴文截然不同。印刷的时候，在凸起的字体上涂上墨汁，然后把纸覆在它的上面，轻轻拂拭纸背，字迹就留在纸上了。

雕版印刷一版能印几百部甚至几千部书，对文化的传播起了重大作用，但是刻板费时费工，大部头的书往往要花费几年的时间，存放版片又要占用很大的地方，而且常会因变形、虫蛀、腐蚀而损坏。印量少而不需要重印的书，版片就成了废物。此外雕版发现错别字，改起来很困难，常需整块版重新雕刻。

关于毕昇的生平只有在沈括的《梦溪笔谈》一书中有记载。书中只介绍说他是一个布衣，即没有任何官职的平民百姓。

平民出身的毕昇总结了历代雕版印刷的丰富的实践经验，经过反复试验，制成了胶泥活字，实行排版印刷，完成了印刷史上一项重大的革命。

毕昇用胶泥制字，把胶泥做成四方长柱体，一面刻上单字，再

用火烧硬，使之成为陶质，一个字为一个印。排版时先预备一块铁板，铁板上放松香、蜡、纸灰等的混合物，铁板四周围着一个铁框，在铁框内摆满要印的字印，摆满就是一版。然后用火烘烤，将混合物熔化，与活字块结为一体，趁热用平板在活字上压一下，使字面平整，就可进行印刷。

用这种方法，印两三本谈不上什么效率，如果印数多了，几十本以至上千本，效率就很高了。为了提高效率，常用两块铁板，一块印刷，一块排字。印完一块，另一块又排好了，这样交替使用，效率很高。常用的字如"之""也"等字，每字制成20多个印，以备一版内有重复时使用。没有准备的生僻字，则临时刻出，用草木火马上烧成。从印版上拆下来的字，都放入同一字的小木格内，外面贴上按韵分类的标签，以备检索。

毕昇起初用木料做活字，实验发现木纹疏密不一，遇水后易膨胀变形，与粘药固结后不易去下，才改用胶泥。这种胶泥活字，称为泥活字。毕昇发明的印书方法和今天的比起来，虽然很原始，但是活字印刷术制造活字、排版和印刷3个主要步骤，都已经具备。

宋代瓷器

中国是瓷器的故乡，瓷器的发明是中华民族对世界文明的伟大贡献。它在技术和艺术上的成就，传播到世界各国，并深刻影响了陶瓷和文化的发展，为中国赢得了"瓷器之国"的盛誉。

瓷器是一种由瓷石、高岭土、石英石、莫来石等组成，外表施有玻璃质釉或彩绘的物器。瓷器的成形要通过在窑内经过高温（约1280—1400 ℃）烧制，瓷器表面的釉色会因为温度的不同发生各种化学变化。烧结的瓷器胎一般仅含3%不到的铁元素，且不透水，受到世界各地民众的喜爱。

　　瓷器脱胎于陶器，它的发明是中国古代先民在烧制白瓷器和印纹硬陶器的经验中逐步摸索出来的。大约在公元前 16 世纪的商代中期，中国就出现了早期的瓷器。因其在胎体和在釉层的烧制工艺上都比较粗糙，烧制温度也较低，表现出原始性和过渡性，所以一般称其为"原始瓷"。

　　宋代是瓷业最为繁荣的时期。宋代瓷器在胎质、釉料和制作技术等方面，有了新的提高，烧瓷技术达到完全成熟的程度。在工艺技术上，有了明确的分工，是中国瓷器发展的一个重要阶段。当时的名瓷名窑已遍及大半个中国，汝窑、官窑、哥窑、钧窑和定窑并称为宋代五大名窑。

　　瓷器取代陶器，不仅方便了人们的日常生活，丰富了人们的审美情趣，也证明了中华民族的伟大创造力。瓷器在汉唐以后源源不断地输出到世界各地，促进了当时中国与外界的经济、文化交流。瓷器和中国的英文翻译同为一词，可见瓷器对其他国家人民的传统文化和生活方式产生的深远影响。同时，瓷器还是人类从野蛮时代进入文明时代的重要标志，是中国对世界历史、文化、艺术、科技等方面做出的一项重大且不可磨灭的贡献。

景德镇自五代时期开始生产瓷器，宋、元两代迅速发展，至明、清时在珠山设御厂，成为全国的制瓷中心，由此也被称为"瓷都"。产品以"白如玉，明如镜，薄如纸，声如磬"的独特风格享誉海内外。其成就之高、影响之大、技艺之精湛、品种之齐全，是任何时代，任何其他窑场都难以企及的。

景德镇瓷业习俗是景德镇制瓷历史的重要组成部分。景德镇在宋代出现"村村窑火，户户陶埏"的景观，瓷业习俗已具雏形。

景德镇瓷器大多是生活用瓷和陈设用瓷，造型优美、品种繁多、装饰丰富、风格独特，尤其以"骨瓷"最为有名。骨瓷的瓷质具有独特的风格和特色，青花、玲珑、粉彩、颜色釉，合称景德镇四大传统名瓷。薄胎瓷人称神奇珍品，雕塑瓷为中国传统工艺美术品。景德镇陶瓷艺术是中国文化宝库中的重要财富。

中国古代造瓷，在釉色方面，素有崇尚青色传统，以青为贵。以前所追求的色调，无非是浓淡不一，意境略异的青色瓷，而且重色釉也没有彩绘。景德镇窑在北宋时期，仿效了青白玉的色调和湿润的质感，创造性地烧造出了一种"土白壤而埴、质薄腻、色滋润"的青白瓷，使青瓷艺术达到了高峰。这种青白瓷大部分在坯体上刻暗花纹，薄剔而成为透明飞凤等花纹，内外均可映见，釉而隐现青色，故又称影青瓷。这种影青瓷当时著行海内，天下均称赞景德镇瓷器，从而使景德镇在南北各大窑之间，崭露头角，争得一席之地。

改良纺织术

黄道婆是中国勤劳妇女的一个代表性人物，她将从海南岛黎族人那儿学到的纺织术带回家乡，同时还推广和改进了很多纺织机械，大大提高了劳动效率，对中国棉纺织技术发展做出了杰出的贡献。

在人类漫长的进化过程中，服装的出现历史比较短，只有一两万年的时间。原始人类在进行打猎劳作时穿的是兽皮树叶。后来，人们发现有些树皮经过沤制后会留下很长的纤维，可以用来搓绳接网，还可以结成片状物围身，这就是纺织物的前身。此时大约是神话传说的伏羲渔猎时代，属于旧石器时代末期。

神农的农牧时代，开始有了农业和畜牧业，神农氏教人民种植葛麻谷物，这是人类进化史上的一大飞跃。人类最早使用的纤维是葛和麻，它们的茎皮经过剥制、沤泡，可以形成松散的纤维，再将这些纤维用石纺锤搓制成线和绳，编结成渔网和织物，人类进入了纺织时代，服装也正式进入人们的生活之中。

在新石器时代晚期，即传说中的黄帝时期，开始有了养蚕、缫丝、织绸的生产。传说黄帝的元妃嫘祖率领民众养蚕缫丝织绸，开始了人类文明史上的一个重大发明创造：丝绸。丝绸与麻、葛织物相比，具有柔软舒适的优点。

在此后漫长的奴隶社会和封建社会中，服装的功能开始有了美观、装饰和等级、尊卑等方面的延伸意义。丝绸价值昂贵，只是有地位和身份的人才有可能穿戴，老百姓只能穿麻布衣衫，称为"布衣"。而服装的色彩等级规定也十分严格，如黄色属帝王专用，违禁则会招来杀身之祸。

黄道婆是汉族妇女，生活在宋末元初，是松江乌泥泾（今闵行区华泾镇）人。她年轻时因为不堪忍受公婆的虐待，离开家乡流落到海南岛。海南岛盛产棉花，那里的黎族人很早就从事棉纺织业。黎族人非常同情黄道婆的遭遇，便教她错纱、配色、综线、挈花等纺织技术。黄道婆和黎族人一起生活，结下了深厚的友谊，也学到了一整套种植和纺织技术。

30 年后，黄道婆返回故乡，她把从黎族人那里所学到的纺织技术传授给当地劳动妇女，同时精心改革，制成手摇搅车、粗弦大弓以及当时世界上最先进的一手能纺三根纱的脚踏纺车，大大提高了工作效率。

黄道婆把黎族的纺织工具和技术与当地的丝织技术相结合，使织成的图案花纹光彩美丽，赢得了人们的喜爱，推动了江南地区棉纺织业的发展。

黄道婆逝世后，当地人把她安葬在乌泥泾镇旁，还编了歌谣来纪念这位平凡而伟大的古代巧妇。"黄婆婆，黄婆婆，教我纱，教我布，两只筒子两匹布。"这首歌谣至今还被广为流传。

苏 绣

文化古城苏州，素有"人间天堂"之称。在这优美环境里孕育出的苏州刺绣艺术，以其图案秀丽、构思巧妙、绣工细致、针法活泼、色彩清雅的独特风格名满天下，被誉为中国"四大名绣"之首。

刺绣是中国优秀的民族传统工艺之一。刺绣与养蚕、缫丝分不开，所以刺绣又称丝绣。中国是世界上发现与使用蚕丝最早的国家，人们在四五千年前就已经开始养蚕、缫丝了。随着蚕丝的使用，丝织品的产生与发展，刺绣工艺也逐渐兴起。据《尚书》记载，在4000年前的章服制度，就规定"衣画而裳绣"。宋代时期崇尚刺绣服装的风气，已逐渐在民间广泛流行，这也促使了中国丝绣工艺的发展。

上海的露香园顾绣，就是当时有名的刺绣。顾氏家族世袭相传，善于刺绣的声誉名扬大江南北，并得到朝廷的赏识。到了清代，顾绣不仅名震海内，而且蜚声海外，吸引了不少国外商人来上海购买。

其实中国刺绣最有名的是苏州的苏绣、湖南的湘绣、四川的蜀绣、广东的粤绣，它们各具特色，被誉为中国的四大名绣。

作为中国四大名绣之一的湘绣，向来以历史悠久、工艺精湛、风格独特、品类繁多而闻名海内外。湘绣也多以国画为题材，形态生动逼真，风格豪放，曾有"绣花花生香，绣鸟能听声，绣虎能奔跑，绣人能传神"的美誉。湘绣的特点是用丝绒线（无拈绒线）绣花，其实是将绒丝在溶液中进行处理，防止起毛，这种绣品当地称作"羊毛细绣"。

蜀绣也称"川绣"，它是以四川成都为中心的刺绣产品的总称。蜀绣的生产具有悠久的历史。蜀绣以软缎和彩丝为主要原料，针法多达一百多种，充分发挥了手绣的特长，具有浓厚的地方风格。蜀绣起源于川西民间，在长期的发展过程中，由于受地理环境、风俗习惯、文化艺术等方面的影响，逐渐形成了严谨细腻、光亮平整、构图疏朗、浑厚圆润、色彩明快的独特风格。蜀绣作品的选材丰富，有花草树木、飞禽走兽、山水鱼虫、人物肖像等。

粤绣也称"广绣"。它是出产于广东省广州、潮州、汕头、中山、番禺、顺德一带刺绣品的总称。粤绣在长期的发展过程中，受到各民族民间艺术的影响，在兼收并蓄、融会贯通的基础上，逐渐形成了自身独特的艺术风格。绣品主要取材于龙凤、花鸟等，图案构图饱满、均齐对称，色彩对比强烈、富丽堂皇。在针法上具有"针步均匀、纹理分明、处处见针、针针整齐"的特点。在种类上粤绣可分为绒绣、线绣、金银线绣三类，品种包括戏服、厅堂装饰、联帐、采眉、挂屏和各种日用绣品等。

苏绣列于中国四大名绣之首，可见其刺绣技术之高超。

历史文化名城苏州是苏绣的故乡，在小桥流水人家的江南美景中，坐拥2500年历史的苏州熠熠生辉。苏绣是江南女子一生中最美丽的情结。

苏绣的发源地在苏州吴县一带，现已遍衍江苏省的无锡、常州、扬州、宿迁、东台等地。江苏土地肥沃，气候温和，蚕桑发达，盛产丝绸，自古以来就是锦绣之乡。优越的地理环境，绚丽丰富的锦缎，五光十色的花线，为苏绣的发展创造了有利条件。

苏绣是在顾绣的基础上发展而来的。说到这里，先要说说顾绣，它对中国东部近代、现代的刺绣有着极大的影响。顾绣原指明代上海顾家的刺绣，顾氏家族的顾名世以明嘉靖三十八年（公元1559年）进士著称。他的孙子顾寿潜善画，从师于董其昌。顾寿潜之妻韩希孟工画花卉，擅长刺绣，在顾家众多的名手中堪称代表，连董其昌看后都惊叹道："技至此乎！"明代的商品经济已较发达，由于顾家的刺绣名扬海内外，因此到了清代时，江南一带的许多绣庄干脆挂起"顾绣"的字号，广义的"顾绣"便由此而来。苏绣正是在广泛吸取顾绣的特点和长处后，逐渐从作坊里孕育出一朵更为奇艳的鲜花。

苏绣具有浓郁的地方特色。在苏绣中，江南水乡的美景一览无余。苏绣的仿画绣、写真绣，逼真的艺术效果更是名满天下，主要艺术特点有山水能分远近之趣，楼阁具现深邃之体，人物能有瞻眺生动之情，花鸟能报绰约亲昵之态。从人物、花鸟到山水、动物，从静如处子到动如脱兔，苏绣呈现着江南细腻绵长的精神内涵。在上千年的历史间，一代代绣娘巧手穿引，心手相传，创造出上百种技法，逐渐使苏绣成为一门丰富深邃的学问，吸引后来者在其中忘我穿行。

彩瓷制作

中国的手工业发展较早，早在4000多年前就已经初具规模，并已出现了陶器，但真正的瓷器出现是在东汉末年。随着瓷器的发展，出现了几个著名的瓷窑，有河北的瓷州窑、江西的景德镇窑、浙江的龙泉窑、福建的德化窑、河北的定窑，等等。每个瓷窑都有自己独特的地方，为我们提供的不仅是实用的器物，更是艺术品。

清朝时，中国的瓷器可谓登峰造极。数千年的经验，加上景德镇的天然原料以及烧瓷技术，清朝初年，康熙、雍正、乾隆三代，瓷器的成就非常卓越。皇帝对瓷器的喜爱与提倡，使得清初的瓷器制作技术不断提高，装饰也是更加精细华美。这是悠久的中国陶瓷史上最光耀灿烂的一页。

清朝前期，景德镇瓷器代表了国内乃至世界制瓷的最高水平，是中国制瓷的集大成者。随着国内外及宫廷对景德镇瓷器的需求量的激增，使康、雍、乾三代的景德镇瓷业进入了制瓷历史高峰。康熙时期的青花、五彩、三彩、郎窑红、豇豆红等装饰品种，风格别开生面；雍正的粉彩、斗彩、青花和高低温颜色釉等，粉润柔和，朴素清逸。乾隆时期的制瓷工艺，精妙绝伦，鬼斧匠工，前无古人。中国瓷器在这一时期达到了顶峰，已经到了后人难以企及的水平。

瓷器很早就成了一种工艺品，不是单纯的器皿，因此在制造瓷器时就是在精雕细刻一件工艺品，这一时期就出现了很多有名的瓷器。青花玲珑瓷、象生瓷雕、仿古铜、竹木、漆器等特种工艺瓷，惟妙惟肖，巧夺天工。清朝的瓷器是历史的顶峰，出现了各种名瓷。

粉彩瓷又叫软彩瓷，景德镇窑四大传统名瓷之一，是以粉彩为主要装饰手法的瓷器品种。粉彩是一种釉上（在瓷胎上）彩绘经低温烧成的彩绘方法，一种线条纤秀、画面工整、色彩柔和、绚丽粉润、形象逼真的传统陶瓷釉上彩装饰。粉彩瓷器是清康熙晚期在五彩瓷基础上，受珐琅彩瓷制作工艺的影响而创造的一种釉上彩新品种，从康熙晚期创烧，后历朝流行不衰。

粉彩瓷的彩绘方法一般是先在高温烧成的白瓷上勾画出图案的轮廓，然后用含砷的玻璃白打底，再将颜料施于这层玻璃白之上，用干净笔轻轻地将颜色依深浅浓淡的不同需要洗开，使花瓣和人物衣服有浓淡明暗之感。由于砷的乳浊法作用，玻璃白有不透明的感觉，与各种色彩相融合后，便产生粉化作用，使红彩变成粉红，绿彩变成淡绿，黄彩变成浅黄，其他颜色也都变成不透明的浅色调，并可控制其加入量的多少来获得一系列不同深浅浓淡的色调，给人粉润柔和之感，故称这种釉上彩为"粉彩"。在表现技法上，从平填进展到明暗的洗染；在风格上，其布局和笔法，都具有传统中国画的特征。

雍正时期的粉彩瓷以花蝶图为最多，牡丹、月季、海棠、四季花也极为普遍。人物故事图，在粉彩中也比较多。此外，粉彩瓷中谐音的"蝠"（福）、"鹿"（禄）图案十分多见。当时突出的是所谓的"过枝"技法，如粉彩过枝桃蝠盘，从盘外壁开始绘桃枝叶及桃，通过盘口过到盘心接绘桃枝叶及蝙蝠。雍正朝画的蝙蝠翅膀顶端下弯有钩，钩中有一点，嘴上有毛。较多地使用"金红彩"，精细之作还在纹饰上方用墨彩行书题相应的诗词歌赋，并绘红色迎首或压角章，显露出当时社会文人的儒雅之风。

都江堰：世界水利文化的鼻祖

都江堰水利工程开创了中国古代水利史上的新纪元。它以不破坏自然环境、充分利用自然资源为前提，变害为利，使人、地、水三者高度和谐统一，是全世界迄今为止仅存的一项最伟大的"生态工程"，标志着中国水利事业的辉煌历史。

都江堰位于四川省成都市都江堰市（直辖县级市，由四川省省会成都市代管）灌口镇，是中国建设于古代并使用至今的大型水利工程，被誉为"世界水利文化的鼻祖"。

岷江上游流经地势陡峻的万山丛中，一到成都平原，水速突然减慢，因而夹带的大量泥沙和岩石随即沉积下来，淤塞了河道。每年雨季到来时，岷江和其他支流水势骤涨，往往泛滥成灾；雨水不足时，又会造成干旱。

秦昭襄王五十一年（公元前256年），李冰为蜀郡守。李冰与其儿子在前人治水的基础上，依靠当地人民群众，在岷江出山流入平原的灌县，建成

了都江堰。都江堰是一个集防洪、灌溉、航运为一体的综合水利工程。整体规划是将岷江水流分成两条，其中一条水流引入成都平原，这样既可以分洪减灾，又可以引水灌田、变害为利。主体工程包括鱼嘴分水堤、飞沙堰溢洪道和宝瓶口进水口。

首先，李冰父子邀集了许多有治水经验的农民，对地形和水情做了实地勘察，决心凿穿玉垒山引水。由于当时还未发明火药，李冰便以火烧石，使岩石爆裂，终于在玉垒山凿出了一个宽 20 米、高 40 米、长 80 米的山口。因其形状酷似瓶口，故取名"宝瓶口"，把开凿玉垒山分离的石堆叫"离堆"。

要修宝瓶口，是因为只有打通玉垒山，使岷江水能够畅通流向东边，才可以减少西边江水的流量，使西边的江水不再泛滥，同时也能解决东边地区的干旱，使滔滔江水流入旱区，灌溉那里的良田。这是治水患的关键环节，也是都江堰工程的第一步。

宝瓶口引水工程完成后，虽然起到了分流和灌溉的作用，但因江东地势较高，江水难以流入宝瓶口。为了使岷江水能够顺利东流且保持一定的流量，并充分发挥宝瓶口的分洪和灌溉作用，李冰决定在岷江中修筑分水堰，将江水分为两支：一支顺江而下，另一支被迫流入宝瓶口。由于分水堰前端的形状好像一条鱼的头部，所以被称为"鱼嘴"。

鱼嘴的建成将上游奔流的江水一分为二：西边称为外江，它沿岷江河顺流而下；东边称为内江，它流入宝瓶口。由于内江窄而深，外江宽而浅，这样枯水季节水位较低，则 60% 的江水流入河床低的内江，保证了成都平原的生产生活用水；而当洪水来临，由于水位较高，于是大部分江水从江面较宽的外江排走，这种自动分配内外江水量的设计就是所谓的"四六分水"。

为了进一步控制流入宝瓶口的水量，起到分洪和减灾的作用，防止灌溉区的水量忽大忽小、不能保持稳定的情况，李冰又在鱼嘴

分水堤的尾部，靠着宝瓶口的地方，修建了分洪用的平水槽和"飞沙堰"溢洪道，以保证内江无灾害。溢洪道前修有弯道，江水形成环流，江水超过堰顶时洪水中夹带的泥石便流入到外江，这样便不会淤塞内江和宝瓶口水道，故取名"飞沙堰"。

为了观测和控制内江水量，李冰又雕刻了 3 个石桩人像，放于水中，以"枯水不淹足，洪水不过肩"来确定水位。还凿制石马置于江心，以此作为每年最小水量时淘滩的标准。

在李冰的组织带领下，人们克服重重困难，经过 8 年的努力，终于建成了这一历史工程——都江堰。

都江堰工程之所以历经两千多年依然能发挥重要作用，与有效的管理是分不开的。

汉灵帝时设置"都水掾"和"都水长"负责维护堰首工程。蜀汉时，诸葛亮设堰官，并"征丁千二百人主护"。此后各朝，以堰首所在地的县令为主管。到宋朝时，制定了施行至今的岁修制度。

古代竹笼结构的堰体在岷江急流冲击之下并不稳固，而且内江河道尽管有排沙机制但仍不能避免淤积。因此需要定期对都江堰进行整修，以使其有效运作。宋朝时，订立了在每年冬春枯水、农闲时断流的岁修制度，称为"穿淘"。岁修时修整堰体，深淘河道。淘滩深度以挖到埋设在滩底的石马为准，堰体高度以与对岸岩壁上的水则相齐为准。

明代以来使用卧铁代替石马作为淘滩深度的标志，现存三根一丈长的卧铁，位于宝瓶口的左岸边，分别铸造于明万历年间、清同治年间和 1927 年。

1949 年，中国人民解放军进军四川。入川后，贺龙司令员指出，要先抢修都江堰，把已延误的岁修时间抢回来，并决定从军费中拨出专款，由驻灌县解放军协助抢修。同年 12 月 29 日，成立都江堰岁修工程临时督修处。整个岁修工程于 1950 年 3 月底全部完工。4

月 2 日按照都江堰传统习惯举行了开水典礼。

2008 年，四川省阿坝州汶川县发生了里氏 8.0 级强烈地震。都江堰水利工程地处汶川大地震的中心地带，受到严重的威胁。但令人称奇的是，都江堰距震中映秀镇仅 20 多千米，除了附属建筑遭到一定程度的损坏外，主体工程完好无损。这项利在千秋的水利工程经受住了大地震的考验，在世人心中的地位也进一步提升。

长城：最伟大的军事防御工程

长城是中国古代劳动人民创造的伟大奇迹，是中国悠久历史的见证。它象征着中华民族坚不可摧的伟大意志和力量，是中华民族的骄傲，也是整个世界的骄傲。1987 年，长城作为人类历史的奇迹被列入"世界遗产名录"。

春秋战国时期，各国诸侯为了防御别国入侵，修筑烽火台，并用城墙连接起来，形成了最早的长城。以后历代君王都加固增修长城。长城东西绵延上万里，因此被称为"上下两千多年，纵横十万余里"。现存的长城遗迹大多是建于 14 世纪的明长城。

在冷兵器时代，长城防御体系的军事作用是卓有成效的。秦皇汉武，包括明初，都是在主动出击、军事上取得压倒优势时修建长城的。这说明，修筑长城既是一种积极防御，又是积蓄力量、继续进取的谋略。

长城的防御作用不仅仅表现在普通意义上的不被攻陷，其真正的用处是：入侵者就算集中力量偶尔攻破一两个关口，闯入内地，但只要整段长城还驻有强劲的军队，入侵者就始终有被阻击而无法回家的危险。更为重要的是长城扼住了燕山和太行山北支各个交通要道，游牧民族的骑兵破关而入后只能骚扰内地，后勤根本无法通过关口输送进来，因此无法立足内地，动摇中华民族的根基。这是

长城存在的根本意义。

长城作为防御工程，主要由关隘、城墙、烽火台组成。

关隘是长城沿线的重要驻兵据点。关隘多选择在出入长城的咽喉要道上，整个构造由关口的城墙、城门、城门楼、瓮城组成，有的还有罗城和护城河。关隘的城墙是长城的主要工程，内外檐墙多用巨砖、条石等包砌，内填黄土、碎石，高度在 10 米左右，顶宽 4—5 米。城墙外檐上筑有供瞭望和射击的垛口，内檐墙上筑有防止人马从墙顶跌落的宇墙。城门上方均筑有城门楼，是战斗的观察所和指挥所，也是战斗据点。

城墙是联系雄关、隘口的纽带。城墙高约 7—8 米，山冈陡峭的地方城墙比较低。墙身是防御敌人的主体，墙基平均宽约 6.5 米，顶部宽 5.8 米。墙结构主要有版筑夯土墙、土坯垒砌墙、砖砌墙、砖石混合砌墙、石块垒砌墙和木板墙等。在城顶外侧的迎敌方向，修有一些高约两米的齿形垛口，上部有小口用来瞭望敌人，下部有小洞用来射击敌人。

烽火台是利用烽火、烟气以传递军情的建筑。烽火台通常设置在长城内外最容易看到的山顶上，一般是土筑或用石砌成一个独立的高台，台子上有守望房屋和燃烟放火的设备，如遇有敌情，白天燃烟或悬旗、敲梆、放炮，夜间燃火或点灯笼。

　　在长城防御工程系统中，还有一些与长城相联系的城、堡、障、堠等建筑物。这些建筑物大都建筑在长城内外，供兵卒居住和防守用。

　　通常大家都会认为，最早修筑长城的是秦始皇。其实最开始的长城并不是他修建的。在春秋战国时期，燕国因国土小、兵马少、力量弱，面临着随时被邻国吃掉的威胁。为了保住国土，燕王征用民夫在国土边界山顶上筑起高高的城墙，防止外敌入侵。

　　当时还没有石灰，所以筑城墙时，石、砖都是用泥抹的。为了早日修好城墙，燕王下令冬天继续施工。冬天气温低，和泥要用热水，民夫们就在工地上用 3 块石头支起大铁锅烧开水。时间久了，铁锅被烧了个大窟窿，锅里的水漏出来，把锅下的火浇灭了。这时民夫们有了一个意外的发现，水洒在支锅的石头上，石头遇到水就炸开了，炸出许多白面面。有个民夫把这白面面和水搅拌，发现比泥还有黏性，就把它抹在石条和砖缝里。第二天，民夫们发现，用这白面面抹的石条和砖缝，比用泥抹的还结实。燕国人由此得到启发，以后都烧石灰来抹城墙缝。

　　秦始皇统一中国后，为了保住自己的地位，仿照燕王的办法修起了万里长城。动工时，他下了一道旨令，让原来的燕国人负责烧石灰。那时修长城所用的石灰，全部都是燕国人烧的。长城修到哪里，就在哪里的山坡上烧灰，而且烧的灰质量非常好，后人称之为万年灰，是万年不变质的意思。

　　长城修完后，别的民夫都各自回家。燕国人因烧灰有功，秦始皇拨下金银，建了个专为燕国人居住的城镇，这就是现在的北京。

因此，那时北京叫燕京，燕国人烧灰用过石头的山统称为燕山山脉。

灵渠：古代水利建筑明珠

"北有长城，南有灵渠"，灵渠是与长城齐名的世界奇观。它不仅是桂林旅游圈中的一块瑰宝，也是世界水利史上的一块丰碑。灵渠设计巧妙，工程宏伟，是现存世界上最完整的古代水利工程、最古老的运河之一，有"世界古代水利建筑明珠"的美誉。

灵渠在今广西壮族自治区兴安县境内，流向由东向西，也叫兴安运河或湘桂运河，由于是在秦朝开凿的，又叫秦凿河。

秦统一六国后，为了进一步完成统一大业，在北击匈奴的同时，又南征岭南。公元前219年，秦始皇出巡到湘江上游，他根据当时需要解决南征部队的粮饷运输问题，做出修建水渠的决定。在水利家史禄的领导下，秦朝军士和当地人民一起，艰苦劳动，劈山削崖，筑堤开渠，把海洋河（又称湘江上游）水引入大溶江（漓江源头），灵渠才得以修成。

灵渠工程主体包括铧堤、南北渠、秦堤、陡门等，完整精巧，设计巧妙。其渠道工程艰巨复杂。南渠一路，都是傍山而流，途中要破掉几座拦路的山崖。尤其是在跨越分水岭，即太史庙山时，更要从几十米高的石山身上，劈开一条河道。这样的工程，在没有先进机械和炸药的条件下，全凭双手和简单工具，充分表现了古人的智慧与毅力。

灵渠是世界上最古老的运河，比举世闻名的巴拿马运河、苏伊士运河早两千多年。由于开拓了这条从中原进入岭南的交通大动脉，沟通了长江与珠江两大水系，秦军粮饷供应源源不断，军队长驱直入。公元前214年，即灵渠凿成通航的当年，秦兵就攻克岭南，随即设立桂林、象郡、南海3郡，加上在福建建立的闽中郡，使秦朝郡级建制达到40个，形成了中国历史上第一个大一统的中央集权制的国家。

此后，灵渠对中国的政治、经济、文化和科学技术的发展继续做出重要贡献。公元前213年，秦始皇派数十万汉人移居岭南，与岭南的越族共同开发中国的南疆，其中很多人是沿灵渠南下的。汉代，中原的大批铁器和耕牛输入岭南，推动了岭南科技的发展。东汉建武十七年（公元41年），伏波将军马援率军到交趾平息征侧、征贰的叛乱，也为运粮的需要而重修灵渠。当然，灵渠还有一个显而易见的作用，就是灌溉农田。

灵渠分大、小天平，铧嘴，南北渠，泄水天平，陡门5个部分。

大、小天平成人字形，是建于湘江上的拦河滚水坝。大天平长344米，小天平长130米。坝高2—2.4米；宽17—23米。汛期洪水可从坝面流入湘江故道，平时可使渠水保持1.5米左右深度。因其能平衡水位，故称天平。

铧嘴筑在分水塘中、大小天平之前，形如犁铧，使湘水"三七分派"，即七分水经北渠注入湘江，三分水入南渠流进漓江。铧嘴还可起缓冲水势、保护大坝的作用。

南北渠是灵渠的主体工程，是沟通湘水、漓水的通道，全长36.4千米，平均宽10余米，平均深约1.5米。

泄水天平建于渠道上，南渠二处，北渠一处，可补大、小天平的不足，在渠道内二次泄洪，以保渠堤和兴安县城安全。

南北渠各建多处陡门（亦称闸门），主要设在水流较急或渠水较浅的地方，可调节渠内水位，保证船只正常通航。1986年11月，世界大坝委员会专家到灵渠考察，称赞陡门是世界船闸之父。

天下江山第一楼：黄鹤楼

黄鹤楼素有"天下江山第一楼"的美誉，与岳阳楼、滕王阁并称为"江南三大名楼"。它处在山川灵气动荡吐纳的交点，迎合了中华民族喜好登高的民风、亲近自然的空间意识和崇尚宇宙的哲学观念。

黄鹤楼原址在湖北省武昌蛇山黄鹤矶头，始建于三国时代。黄鹤楼本是夏口城瞭望守成的"军事楼"，晋灭东吴以后，三国归于一统，黄鹤楼逐渐失去军事价值，演变成为官商行旅"游必于是"、"宴必于是"的观赏楼。

关于黄鹤楼的来历，有很多神话传说。流传最广的说法是有一个姓辛的人在此卖酒，特别照顾常来喝酒的一个道士，从来不收他的酒钱。道士在离开这里之前，用橘皮在墙上画了一只黄鹤，说："酒客来，拍拍手，黄鹤就会下来飞舞。"辛氏因此积累了很多财富。10年后，道士又来到这里，用笛声召唤黄鹤飞下墙壁，跨鹤飞去。辛氏为了感谢及纪念这位道士，用10年赚下的银两修建了这座黄鹤楼。

黄鹤楼共5层，高50.4米，攒尖顶，层层飞檐，整个建筑具有独特的民族风格。黄鹤楼的形制自创建以来，各朝皆不相同，但都显得高古雄浑，极富个性。其平面设计为四边套八边形，谓之"四面八方"，透露出古建筑文化中数目的象征和伦理表意功能。从楼的纵向看各层排檐与楼名直接有关，形如黄鹤，展翅欲飞。整座楼的雄浑之中又不失精巧，富于变化的韵味和美感。

第一层大厅的正面墙壁，是一幅表现"白云黄鹤"为主题的巨大陶瓷壁画。四周空间陈列历代有关黄鹤楼的重要文献、著名诗词的影印本，以及历代黄鹤楼绘画的复制品。2—5层的大厅都有不同的主题，在布局、装饰、陈列上都各有特色。走出5层大厅的外走廊，举目四望，视野开阔。这里高出江面近90米，大江两岸的景色，历历在望，令人心旷神怡。

黄鹤楼濒临万里长江，雄踞蛇山之巅，是名传四海的游览胜地。历史上很多文人墨客到这里游览，留下很多脍炙人口的诗篇。崔颢、李白、白居易、贾岛、陆游、杨慎、张居正等，都先后到这里游乐，吟诗作赋。

使黄鹤楼名声大噪的是唐代诗人崔颢的《黄鹤楼》。

昔人已乘黄鹤去，此地空余黄鹤楼。

黄鹤一去不复返，白云千载空悠悠。

晴川历历汉阳树，芳草萋萋鹦鹉洲。

日暮乡关何处是，烟波江上使人愁。

崔颢的这首诗信手而就，一气呵成，成为千古绝唱。严羽在《沧浪诗话》中说："唐人七律诗，当以此为第一。"

李白登黄鹤楼，欲题诗，当看到崔颢诗时，认为自己不会超过崔颢，便不再为黄鹤楼题诗了。他感叹道："眼前有景道不得，崔颢题诗在上头。"但是李白终究不甘心，便题了一首《鹦鹉洲》。

> 鹦鹉来过吴江水，江上洲传鹦鹉名。
> 鹦鹉西飞陇山去，芳洲之树何青青。
> 烟开兰叶香风暖，岸夹桃花锦浪生。
> 迁客此时徒极目，长洲孤月向谁明。

李白的这首诗虽然没有超过崔颢的诗，但是却使黄鹤楼的名声越来越大了。

敦煌石窟

敦煌石窟以精美的壁画和塑像闻名于世，是世界上现存规模最大、内容最丰富的佛教艺术圣地。近代发现的藏经洞，内有5万多件古代文物，由此衍生出专门研究藏经洞典籍和敦煌艺术的学科——敦煌学。1987年，敦煌石窟被列为世界文化遗产。

敦煌石窟，是世界闻名的珍贵历史文化遗产之一，包括莫高窟、西千佛洞、安西榆林窟、东千佛洞、水峡口下洞子石窟、肃北5个庙石窟、一个庙石窟、玉门昌马石窟。因其各石窟的艺术风格一致，主要石窟莫高窟位于本地区政治、经济、文化中心古敦煌郡，故统称敦煌石窟。

石窟始建于十六国时期，据唐《李克让重修莫高窟佛龛碑》的记载，前秦建元二年（公元366年），僧人乐僔路经此山，忽见金光闪耀，如现万佛，于是便在岩壁上开凿了第一个洞窟。此后法良禅师等又继续在此建洞修禅，称为"漠高窟"，意为"沙漠的高处"。后世因"漠"与"莫"通用，便改称为"莫高窟"。北魏、西魏和北周时，统治者崇信佛教，石窟建造得到王公贵族们的支持，发展较快。隋唐时期，随着丝绸之路的繁荣，莫高窟更是兴盛，在武则天时有洞窟千余个。安史之乱后，敦煌先后被吐蕃和归义军占领，但造像活动未受太大影响。北宋、西夏和元代，莫高窟渐趋衰落，仅以重修前朝窟室为主，新建极少。元朝以后，随着丝绸之路的废弃，莫高窟也停止了兴建并逐渐湮没于世人的视野中。直到清康熙四十年（公元1701年）后，这里才重新为人注意。

莫高窟现存北魏至元的洞窟 735 个，分为南北两区。南区是莫高窟的主体，为僧侣们从事宗教活动的场所，有 487 个洞窟，均有壁画或塑像。北区有 248 个洞窟，其中只有 5 个存在壁画或塑像，而其他的都是僧侣修行、居住和死亡后掩埋的场所，有土炕、灶炕、烟道、壁龛、台灯等生活设施。

飞天，意为飞舞的天人。在中国传统文化中，天指苍穹，但也认为天有意志，称为天意。在佛教中，娑婆世界由多层次组成，有诸多天界的存在，这些天界的众生为天人，个别称为天神，常简称为天，飞天即此意。飞天多画在佛教石窟壁画中。在古印度神话中飞天是歌神乾闼婆和乐神紧那罗的化身，他们是一对夫妻，原是歌舞神和娱乐神，后被佛教吸收为天龙八部众神之内。道教中把羽化升天的神话人物称为"仙"。飞仙多画在墓室壁画中，象征着墓室主人的灵魂能羽化升天。

佛教传入中国后，与中国的道教交流融合。在佛教初传不久的魏晋南北朝时，曾经把壁画中的飞天亦称为飞仙，是飞天、飞仙不分。后随着佛教在中国的深入发展，佛教的飞天、道教的飞仙虽然

在艺术形象上互相融合，但在名称上，只把佛教石窟壁画中的空中飞神称为飞天。敦煌飞天就是画在敦煌石窟中的飞神，后来成为敦煌壁画艺术的一个专用名词。

飞天是甘肃敦煌莫高窟的名片，是敦煌艺术的标志。敦煌莫高窟 492 个洞窟中，几乎每一窟都有飞天，总计 4500 余身，可以说是全世界和中国佛

教石窟寺庙中保存飞天最多的石窟。

敦煌壁画中的飞天，由于朝代的更替、政权的转移、经济的发展繁荣、中西文化的频繁交流等历史情况的变化，飞天的艺术形象、姿态和意境、风格和情趣，都在不断地变化。不同的时代、不同的艺术家，留下了不同风格特点的飞天。1000 余年的敦煌飞天形成了具有特色的演变发展的历史。

京杭大运河

京杭大运河是中国古代劳动人民创造的一项伟大工程，与长城一样是中国身份的象征。大运河开凿于两千多年前的春秋时期，距今已有 2500 多年的历史，仍在发挥着巨大作用，为中国经济发展、国家统一、社会进步和文化繁荣做出了重要贡献。

京杭大运河北起涿郡，南到余杭，经北京、天津两市及河北、山东、江苏、浙江四省，贯通海河、黄河、淮河、长江、钱塘江五大水系，全长约 1700 多千米，是世界上最长的一条人工运河，长度是苏伊士运河（190 千米）的 9 倍，巴拿马运河的 33 倍。

京杭大运河经历了历史的沧桑，它开掘于春秋时期，完成于隋朝，繁荣于唐宋，取直于元代，疏通于明清（从公元前 486 年始凿，至公元 1293 年全线通航），共持续了 1700 多年。在漫长的岁月里，主要经历了 3 次较大的兴修过程。

第一次是春秋末期。吴王夫差为了北上伐齐，争夺中原霸主地位，调集民夫开挖邗沟，把长江水引入淮河，成为大运河最早修建的一段。

第二次是隋朝统一全国后。隋朝建都长安，为了控制江南广大地区，使长江三角洲地区的丰富物资运往洛阳，于公元 603 年下令开凿从洛阳经山东临清至河北涿郡的"永济渠"，又于公元 605 年下令开凿洛阳到江苏清江（今淮安市）的"通济渠"，再于公元610年开凿江苏镇江至浙江杭州（当时的对外贸易港）的"江南运河"，同时对邗沟进行了改造。洛阳与杭州之间全长1700多公里的河道，可以直通船舶。

第三次是元朝定都北京后。为了使南北相连，不再绕道洛阳，元朝先后开挖了"洛州河"和"会通河"，把天津至江苏清江之间的天然河道和湖泊连接起来，清江以南接邗沟和江南运河，直达杭州。而北京与天津之间，原有运河已废，又新修"通惠河"。这样，新的京杭大运河比绕道洛阳的隋唐大运河缩短了900多公里。

京杭大运河是中国古代劳动人民创造的一项伟大工程，对南北之间的经济、文化发展与交流，特别是对沿线地区工农业经济的发展和城镇的兴起发挥了巨大作用。

隋炀帝是出了名的骄奢淫逸，他动用了200余万人开凿贯通了大运河，弄得怨声载道。虽然是亡国之君，但唐朝诗人皮日休曾赋

诗歌颂他的贡献："尽道隋亡为此河，至今千里赖通波。若无水殿龙舟事，共禹论功不较多！"从中可以看出京杭大运河对中国南北经济交通的巨大影响。

隋炀帝是隋文帝的第二个儿子，是历史上有名的暴君。

为了控制全国，方便江南的物资运到北方，同时自己又能轻松地到各地

游玩，隋炀帝修通了 5000 余里的京杭大运河。

关于修建大运河的原因，还有一个有趣的故事：据说隋炀帝有一次做梦梦到一种非常漂亮的花，但是他并没有见过这种花，就命人把梦中的花画成图案，发布皇榜寻找认识这种花的人。王世充曾在扬州见过这种花，便揭榜进宫，告诉隋炀帝，这种花叫琼花，生长在扬州。隋炀帝很想亲眼见到这种花，就下令开通大运河，与皇后和妃嫔去扬州看琼花。

隋炀帝在位 14 年，出游 4 次，长达 11 年时间。为了出游，他建造了龙舟及各种各样的船只数万艘。隋炀帝和萧皇后分别乘着两艘装饰得像宫殿一样的 4 层高的大龙船，皇妃宫女、王公贵族、文武百官分乘几千艘彩船，卫兵乘的及装载后勤物品的几千艘大船。这庞大的船队浩浩荡荡，在运河里排开竟有 200 里长。

8 万多民工，专门为船队拉纤。船队在运河里行驶，岸边有骑兵护送。船队停下来，当地的州县官员就逼着百姓办酒席"献食"。

隋炀帝好大喜功，多次发动边境战争进攻突厥等民族。在公元 612 年第一次对高丽（今朝鲜）的战争中，动用军队 100 多万人，民工 300 多万人，运送军需的舟车连接起来长达千余里。战士、民工又苦又累，许多人病死在路旁，而战争却是以惨败告终。

隋炀帝的倒行逆施，引起了人民的反抗。最终隋炀帝在出游中被杀死。

赵州桥

赵州桥是由隋朝著名匠师李春设计和建造的，距今已有约 1400 年的历史，是世界上现存最早、保存最完善的古代敞肩石拱桥，体现出古代劳动人民的智慧。1961 年赵州桥被国务院列为第一批全国重点文物保护单位。

隋朝统一了中国，结束了长期以来南北征战的局面，社会经济由此得到发展。赵县北上可抵重镇涿郡（今河北涿州市），南下可达京都洛阳，是南北交通必经之路。但却因洨河所阻影响人们来往，每到洪水季节甚至没有办法通行。为了结束长期以来交通不便的状况，隋朝决定在洨河上建设一座大型石桥。

李春受命负责设计和大桥的施工。关于李春，除了一个"匠"字，从史书上再也找不到其他记载，其生平无法得知。现在河北赵县赵州桥之侧公园内有一尊李春像，中年学士打扮，文质彬彬，左手持一卷图纸。

李春率领工匠对洨河及两岸地质等情况进行了实地考察，同时认真总结了前人的建桥经验，结合实际情况提出了独具匠心的设计方案。他按照设计方案精心细致施工，出色地完成了建桥任务。

赵州桥又名安济桥，全长50.83米，宽9米，主孔净跨度37.02米，是一座由28道相对独立的拱券组成的单孔弧形大桥。赵州桥最大的创举就是在大拱两肩，砌了4个并列小拱。这种大拱上加小拱的布局（近代称为"敞肩型"）可以节省石料，减轻桥身自重。据计算，4个小拱可以节省石料260立方米左右，减轻桥身自重700吨。同时可以增加洪汛季节的过水面积，当洨河涨水时，一部分水可以从小拱往下流，这样就减少了洪水对桥的冲击，保证了桥的安全。

赵州桥的设计构思和工艺的精巧，不仅在中国古桥是首屈一指，据世界桥梁的考证，像这样的敞肩拱桥，欧洲到19世纪中期才出现，比中国晚了1200多年。赵州桥的雕刻艺术，包括栏板、望柱和锁口石等，其上狮象龙兽形态逼真、琢工精致秀丽，堪称文物宝库中的艺术珍品。

赵州桥至今已有1400多年的历史，经历了10次水灾、8次战乱和多次地震，尤其是1966年邢台发生7.6级地震，赵州桥距离震中只有40多公里，仍然安然无恙。著名桥梁专家茅以升说，先不管桥的内部结构，仅就它能够存在1400多年就说明了一切。

在赵州桥桥面东侧约三分之一处，有一溜小坑，一道沟痕和稍大一点的坑。在桥下的券洞上，还有5个手指印。这就是赵州桥上传说的仙迹。人们说，这是张果老过桥时留下的驴蹄印和斗笠颠落压成的圆坑，是柴荣因猛力推车膝盖着地压成的膝盖印和车道沟，是鲁班手托桥留下的手印。宋人杜德源在《赵州桥》诗中说："仙子骑驴何处去，至今遗迹尚昭昭。"可见这些遗迹是古已有之。

据说，鲁班造好赵州桥后，很快传遍了四方，甚至惊动了"八仙"之一的张果老和大圣人柴荣。他们两人来到桥头，问鲁班这桥能不能让他们两人同时行走。鲁班想，这么坚固的石桥，骡马大车都能通过，两个人算什么。于是请他们两人上桥。谁知，张果老在驴背的褡裢里一边装上了"太阳"，一边又装上了"月亮"，柴荣推着载有"五岳名山"的独轮车。他们上桥以后，桥被压得摇摇欲坠。鲁班见此，赶忙跳下桥去，用手使劲托住桥身东侧，才使这两位仙人带着日月和五岳名山顺利通过。从此，桥上留下了驴蹄印、车道沟、膝盖印和手指印，谓之"仙迹"。后来，除了因为东侧一度塌毁，手印已经不见，其余的仙迹都留存下来了。

实际上，赵州桥上的这些痕迹根本不是仙迹，而是建桥者们留下的护桥标志。驴蹄印、车道沟是行车的标志。这提醒人们：行车要走桥中间，不要太靠边，这样可使桥梁受力均匀，便于保护。而桥下的手指印，则是人们维修、加固桥梁时最好的支点。

世界第一城：大兴城

大兴城是由隋朝建筑家宇文恺修建的，其城市规模在中国古代名城中位列榜首，堪称世界第一城。在当时的社会、经济、科技条件下，大兴城有如此规模的建设和成就，是值得赞颂的。它的设计和布局思想，不但对中国后世的都市建设有着很大的影响，而且对日本、朝鲜的都市建设也有着深刻的影响。

宇文恺，字安乐，鲜卑人，出生于北朝后期一个显赫的豪门。父亲宇文贵是西魏十二大将军之一，位至大司徒。次兄宇文忻，是周、隋时名将，隋时官至右领军大将军。宇文恺出身将门，却不好弓马，喜好读书，擅长工艺，尤其擅长建筑。

公元581年，杨坚废北周静帝，自立为帝，建立了隋朝，是为隋文帝。为了巩固统治地位，他大肆诛杀北周宗室宇文氏。宇文恺原也被定入诛杀之列，由于宇文恺家族与北周宗室有别，次兄宇文忻又拥戴隋文帝有功，同时其本人的才华深得隋文帝的赏识，因而幸免一死。隋文帝起用宇文恺，负责隋代都城大兴城的营建工程。

隋初仍以汉长安城为都，但这只是权宜之计。汉长安城始建于汉代，已有近 800 年的历史，城中宫宇朽蠹，供水、排水严重不畅，污水往往聚而不泄，以至生活用水多受污染，水质咸卤，难以饮用，而且汉长安城北临渭水，由于渭河不时南北摆动，都城有被水淹的危险。鉴于此，隋文帝决定另迁新都。

大兴城的兴建，不是在旧有基础上进行改建、扩建而成的城市，而是在短时间内按周密规划兴建而成的崭新城市。关于新的城址，隋文帝选在了汉长安城东南 20 里的龙首原之南。开皇二年（公元 582 年）六月，大兴城开始兴建，十二月基本竣工，次年三月即正式迁入使用，前后仅 9 个月，其建设速度之快令人惊叹。

大兴城，始建于隋朝，唐朝易名为长安城，是隋唐两朝的首都。大兴城由外郭城、宫城和皇城三部分组成，面积达 83.1 平方公里。城内百业兴旺，最多时人口超过 100 万。唐末迁都洛阳后这里被拆毁。

宇文恺在设计城时，非常重视用高大建筑物控制城市的制高点。他把皇城、宫城和重要寺庙都放在六道高坡上，一方面体现皇权、政权、神权的至高无上，另一方面可确保都城，特别是皇宫的安全，同时也使都城的建筑错落有致，立体层次更加分明，气势更加宏伟壮观。

大兴城由宫城、皇城、外郭城三部分组成。宫城位于南北中轴线北部，城内有墙把宫城分隔成三部分。中部是大兴宫，是皇帝起居、听政的场所。东部为东宫，专供太子居住和办理政务。西部为掖庭宫，是安置宫女学习技艺的地方。皇城也称子城，位于宫城之南，有一条横街与皇城相隔，是军政机关和宗庙所在地。外郭城即京城，由南北向大街 11 条，东西向大街 14 条，划分为 108 个里坊和两个商市，形成棋盘型的布局。

大兴城这种结构，使政府机关集中，官与民分开，开一代都城设计之先河，后世争相仿效。

布达拉宫：世界屋脊的明珠

布达拉宫被称为"世界屋脊明珠"，是拉萨乃至青藏高原的标志，也是西藏曾经的政权中心。这座世界上海拔最高的雄伟宫殿里，收藏着极为丰富的文物和工艺品，同时也珍存着独一无二的雪域文化遗产，被称为"西藏历史的博物馆"。

布达拉宫屹立在拉萨市区西北的红山上，海拔 3750 米以上，是一座规模宏大的宫堡式建筑群，是拉萨的重要标志。

布达拉宫始建于 7 世纪吐蕃王朝松赞干布时期，是为迎娶文成公主而建，由此被认为是汉藏民族团结的标志。吐蕃王朝灭亡之后，古老的宫堡大部分毁于战火。17 世纪，五世达赖建立噶丹颇章政权，开始重建布达拉宫。以后历代达赖又相继进行过扩建，直到 1936 年十三世达赖喇嘛的灵塔殿建成，才形成现在的规模。

布达拉宫是西藏政教合一政权的中心。整个建筑群占地 10 余万平方米，主体建筑分白宫和红宫，主楼 13 层，由寝宫、佛殿、灵塔殿、僧舍等组成。白宫横贯两翼，为达赖喇嘛生活起居地，有各种殿堂长廊，摆设精美，布置华丽，墙上绘有与佛教有关的绘画，多出自名家之手。红宫居中，供奉佛像，松赞干布像，文成公主和尼泊尔尺尊公主像数千尊，以及历代达赖喇嘛灵塔，黄金珍宝嵌间，配以彩色壁画，辉煌金碧。

布达拉宫依山垒砌，群楼重叠，殿宇嵯峨，气势雄伟，有横空

出世，气贯苍穹之势，坚硬敦实的花岗石墙体，松茸平展的白玛草墙领，金碧辉煌的金顶，具有强烈装饰效果的巨大鎏金宝瓶、幢和经幡，交相辉映，红、白、黄三种色彩的鲜明对比，分部合筑、层层套接的建筑型体，都体现了藏族古建筑迷人的特色。布达拉宫是藏式建筑的杰出代表，也是中华民族古建筑的精华之作。

在布达拉宫建筑艺术中，绘画是其重要组成部分，主要表现在壁画、唐卡（卷轴画）和其他装饰彩绘方面。

在布达拉宫的大小殿堂、门厅、回廊等墙面都绘有壁画，仅西大殿二楼就有 698 幅壁画，题材涉及历史人物、宗教神话、佛经故事等，还有民俗、体育、建筑等方面，有的以单幅表现，有的以横卷形式将画面相连缀。

"唐卡"是藏语音译，是最富有藏族特征的一个画种，用彩缎装裱，画在绢、布或纸上的卷轴画。主要以宗教人物、宗教历史事件、教义为内容，也涉及西藏天文历算、藏医藏药等题材。布达拉宫保存有近万幅唐卡，最大的可达几十米。

布达拉宫的雕塑也非常精美，融合了汉、印度和尼泊尔等佛教艺术技法,宫内集中了大量珍品:有泥塑重彩、木雕、石刻,而金、银、铜、铁等金属塑像数量最多,作品造型精美,高大者可达 10 余米,小的仅几厘米。宫内还保存着大量具有浓厚宗教色彩和藏族艺术风格的工艺品,如藏毯、卡垫、经幡、华盖和幔帐等刺绣贴缎织物。

应县木塔

山西应县木塔设计科学严密、构造完美,是一座既有民族风格,又符合宗教要求的建筑,在古代建筑艺术中达到了极高的水平,是中国现存最高、最古老的一座木构塔式建筑,也是唯一一座木结构楼阁式塔。

应县木塔全名为佛宫寺释迦塔,位于山西省朔州市应县县城内西北角的佛宫寺院内,是佛宫寺的主体建筑。建于辽清宁二年(公元 1056 年),金明昌六年(公元 1195 年)增修完毕。

应县木塔的设计,大胆继承了汉、唐以来富有民族特点的重楼形式,充分利用传统建筑技巧,广泛采用斗拱结构,全塔共用 54 种斗拱,每个斗拱都有一定的组合形式,有的将梁、坊、柱结成一个整体,每层都形成了一个八边形中空结构层。

木塔设计为平面八角,外观 5 层,底层扩出一圈外廊,称为"副阶周匝",与底屋塔身的屋檐构成重檐,所以共有六重塔檐。每层之下都有一个暗层,所以结构实际上是 9 层。暗层外观是平座,沿各层平座设栏杆,可以凭栏远眺。

全塔高 67.3 米,约当底层直径的 2.2 倍,比例相当敦厚,虽高峻而不失凝重。各层塔檐基本平直,角翘十分平缓。平座以其水平方向与各层塔檐协调,与塔身对比;又以其材料、色彩和处理手法与塔檐对比,与塔身协调,是塔檐和塔身的必要过渡。平座、塔身、塔檐重叠而上,区隔分明,强调了节奏,丰富了轮廓线,也增加了横向线条，使高耸的大塔稳稳当当地坐落在大地上。底层的重檐处理更加强了全塔的稳定感。

应县木塔在中国古代建筑艺术中可以说达到了最高水平，与巴黎埃菲尔铁塔和比萨斜塔并称为世界三大奇塔，至今仍有较高的研究价值。

应县木塔高 67.31 米，是世界上最高、最古老的木结构佛塔。木塔建成至今已有 900 多年的历史，在这漫长的岁月中，除经受日夜、四季变化、风霜雨雪侵蚀外，还遭受了多次强地震袭击，仅裂度在 5 度以上的地震就有十几次。

据史书记载，元大德九年（公元 1305 年）四月，大同路发生 6.5 级强烈地震，波及木塔。元顺帝时，应州大地震七日，塔旁房屋全部倒塌，木塔却屹然不动。近代，邢台、唐山、大同、阳高一带的几次大地震，都波及了应县，木塔大幅度摆动，过后木塔仍巍然屹立。

战火硝烟也曾使木塔伤筋动骨。1926 年军阀混战时，木塔曾中弹 200 余发，弹痕至今可见。然而木塔仍傲然挺立，直刺云天。

木塔千年不倒，存在着一定的合理性。古代工匠们实践了千年后的现代建筑理论。从 20 世纪 30 年代开始，中国许多专家学者就对木塔千年不倒之谜进行了潜心研究和探索。

经过研究发现，木塔的结构非常科学合理，卯榫结合，刚柔相济，这种刚柔结合的特点有着巨大的耗能作用，这种耗能减震作用的设计，甚至超过现代建筑学的科技水平。

从结构上看，一般古建筑都采取矩形、单层六角或八角形平面。而木塔是采用两个内外相套的八角形，将木塔平面分为内外槽两部分。内槽供奉佛像，外槽供人员活动。内外槽之间又分别有地栿、栏额、普柏枋和梁枋等纵向横向相连接，构成了一个刚性很强的双层套桶式结构。这样，就大大增强了木塔的抗倒伏性能。

木塔外观为5层，而实际为9层。每两层之间都设有一个暗层。这个暗层从外看是装饰性很强的斗拱平座结构，从内看却是坚固刚强的结构层，建筑处理极为巧妙。在历代的加固过程中，又在暗层内非常科学地增加了许多弦向和经向斜撑，组成了类似于现代的框架构层。这个结构层具有较好的力学性能。有了这4道圈梁，木塔的强度和抗震性能也就大大增强了。

斗拱是中国古代建筑所特有的结构形式，靠它将梁、枋、柱连接成一体。由于斗拱之间不是刚性连接，所以在受到大风、地震等水平力作用时，木材之间产生一定的位移和摩擦，从而可吸收和损耗部分能量，起到了调整变形的作用。除此之外，木塔内外槽的平座斗拱与梁枋等组成的结构层，使内外两圈结合为一个刚性整体。这样，一柔一刚便增强了木塔的抗震能力。应县木塔设计有50余种形态各异、功能有别的斗拱，是中国古建筑中使用斗拱种类最多、造型设计最精妙的建筑，堪称一座斗拱博物馆。

卢沟桥：最古老的联拱石桥

卢沟桥是北京市现存最古老的石造联拱桥，卢沟晓月是有名的燕京八景之一。卢沟桥最引人注目的是桥上雕有大小不等、形态各异、数之不尽的石狮，它和中国抗日战争紧密联系在一起，在这里点燃了全面抗战的烽火，具有深刻的历史意义。

永定河旧称卢沟河，卢沟桥横跨卢沟河，遂以卢沟桥命名。卢

沟桥始建于金大定二十九年（公元1189年），明正统九年（公元1444年）重修。清康熙时毁于洪水，康熙三十七年（公元1698年）重建。卢沟桥全长266.5米，宽7.5米，最宽处可达9.3米。有桥墩10座，共11孔，整个桥体都是石结构，关键部位均有银锭铁榫连接，为华北最长的古代石桥。

卢沟桥工程浩大，建筑宏伟，结构精良，工艺高超，是中国古桥中的佼佼者。桥身全用坚固的花岗石建成，下分11个券孔，中间的券孔高大，两边的券孔较小。10座桥墩建在九米多厚的鹅卵石与黄沙的堆积层上，坚实无比。桥墩平面呈船形，迎水的一面砌成分水尖。每个尖端安装着一根边长约26厘米的锐角朝外的三角铁柱，这是为了保护桥墩，抵御洪水和冰块对桥身的撞击，人们把三角铁柱称为"斩龙剑"。在桥墩、拱券等关键部位，以及石与石之间，都用银锭锁连接，以互相拉联固牢。这些建筑结构是科学的杰出创造，堪称绝技。桥东的碑亭内立有清乾隆题"卢沟晓月"汉白玉碑，为燕京八景之一。

桥身两侧石雕护栏各有望柱140根，柱头上均雕有卧伏的大小石狮共 501 个（卢沟桥文物保护部门提供数据），神态各异，栩栩如生。著名建筑学家罗哲文先生在《名闻中外的卢沟桥》一文中曾对这些雕刻精美、神态活现的石狮子有过极为生动的描绘："……有的昂首挺胸，仰望云天；有的双目凝神，注视桥面；有的侧身转首，两两相对，好像在交谈；有的在抚育狮儿，好像在轻轻呼唤；桥南边东部有一只石狮，高竖起一只耳朵，好似在倾听着桥下潺潺的流水和过往行人的说话……真是千姿百态，神情活现。"

在 13 世纪，卢沟桥就已经闻名世界。意大利人马可·波罗在他的游记里，十分推崇这座桥，说它"是世界上独一无二的"。并且特别欣赏桥栏柱上刻的狮子，说它们"共同构成美丽的奇观"。

"卢沟桥事变"，又称七七事变，标志着日本帝国主义全面侵华的开端和中华民族全面抗战的开始。作为这次历史事件的发生地，卢沟桥成了一个无言的历史见证者。

1937 年 7 月 7 日夜，驻丰台日军在卢沟桥畔中国守军防区内进行军事演习。演习结束后，日军以失踪一名士兵为借口，无理要求进入中国军队防守的宛平城搜查，遭到中国守军的拒绝。日军遂向位于桥东的宛平城和卢沟桥发动轰击，并企图强夺卢沟桥。中国守军二十九军官兵，在日军蛮横无理的挑衅和攻击下，奋起抗击。

卢沟桥事变打响了中华民族抗击日本侵略者的第一枪。从此，中国人民团结起来，在中国共产党倡导的抗日民族统一战线下，前仆后继，英勇斗争，终于打败了日本侵略者。同时，抗日战争也使中国战场成为世界反法西斯战争中的一个重要战场，为世界反法西斯战争的胜利做出了卓越的贡献。

至今，卢沟桥的望柱以及宛平城城墙上，犹可见当年日军留下的弹痕。

中国园林典范：拙政园

拙政园是江南园林的代表，也是苏州园林中面积最大的古典山水园林，被誉为"中国园林之母"，充分展现了江南园林在千年悠悠岁月中美的历程和旖旎风采。

拙政园位于苏州市东北街178号，始建于明朝正德年间，是与承德避暑山庄、留园、颐和园齐名的古典豪华园林。拙政园以其布局的山岛、竹坞、松岗、曲水之趣，被誉为"天下园林之典范"。

拙政园初为唐代诗人陆龟蒙的住宅。明正德四年（公元1509年），明代弘治进士、明嘉靖年间御史王献臣仕途失意归隐苏州后将其买下，聘吴门画派的代表人物文徵明参与设计蓝图，历时16年建成，借用西晋文人潘岳《闲居赋》中"筑室种树，逍遥自得……

灌园鬻蔬，以供朝夕之膳……是亦拙者之为政也"之句取园名。暗喻自己把浇园种菜作为自己（拙者）的"政"事。之后拙政园屡换园主，曾一分为三，园名各异，或为私园，或为官府，或散为民居，直到20世纪50年代，才完璧合一，恢复初名"拙政园"。

拙政园分为东、中、西3个相对独立的小园。

中部是拙政园的主景区，为精华所在，面积约18.5亩。其总体布局以水池为中心，亭台楼榭皆临水而建，有的亭榭则直出水中，具有江南水乡的特色。

西部原为"补园"，面积约12.5亩，其水面迂回，布局紧凑，依山傍水建以亭阁。因被大加改建，所以乾隆后形成的工巧、造作的艺术风格占了上风，但水石部分同中部景区仍较接近，而起伏、曲折、凌波而过的水廊和溪涧则是苏州园林造园艺术的佳作。

东部原称"归田园居"，是因为明崇祯四年（公元1631年）园东部归侍郎王心一而得名。约31亩，因归园早已荒芜，全部为新建，布局以平冈远山、松林草坪、竹坞曲水为主，配以山池亭榭，仍保持疏朗明快的风格。

拙政园是苏州古典园林的典型代表，在功能上宅园合一，可赏、可游、可居。这种建筑形态的形成，与人类渴望自然、心向天然的性情有密切关系，是人类对自身居住环境的一种创造。

中国园林有着自己鲜明的民族特色。它不像西方园林那样追求整齐划一的几

何效果，其突出核心是：遵循有若自然的原则，处处仿佛造化天成，排除人工化的痕迹。其亭台水榭、楼阁桥径、山石植卉都效仿乡野，曲折多变，与自然山水密切结合，师法自然而又有严格的章法、讲究和内涵，崇尚体现才思的意境之美。

无论是园林的创作还是欣赏，都不是一个简单的过程，创作时要以情入景，欣赏时则是触景生情，情景交融。在建筑手法上主要通过匠心巧妙的总体布局和细致完善的局部设计来体现，大量使用借景来强化，即将建筑物的门窗构化成"画框"，将园林山水巧妙纳入其中，或以景衬景，彼此相映相扣，扩大园林的层次空间。

园林中的建筑通常要与书画诗歌相结合，表现在园林厅堂的命名、匾额、楹联、雕刻、装饰，以及花木寓意、叠石寄情等。这些不仅点缀园林，而且涵盖了历史、文化、思想等深广的精神内容，起到了揭示主题、深化意境的作用，营造出浓郁的文化氛围。

世界第一宫殿：故宫

孕育于文明古国灿烂文化中的中国古典建筑艺术，在世界建筑史上占有极重要的地位。论起中国古代建筑，最辉煌大气的就属宫殿建筑了。中国历经了两千多年的封建社会，宫殿建筑在这两千年中不断改善成熟，越来越能体现皇家的威望和气派。故宫古时称紫禁城，是现存最完整的宫殿建筑。

中国具有 5000 年的悠久文明，创造出了光辉灿烂的古代文化。古代建筑是中国古人智慧的结晶。由于它是一种能亲眼看见、能延续的文化形态，我们还称它为"石头的史书"。中国古代的宫殿建筑作为皇权的代表，更是随着朝代的更替逐渐成熟完善。

宫殿建筑都有一定的原则，或显示皇室威严或遵循尊卑有序。首先宫殿建筑都是"前朝后寝"，这一布局原则从宫殿产生之时就有了。这样的布局既合乎实际功用，又能显示出皇室的庄重威严。还有一个布局原则就是"左祖右社"。中国向来以崇敬祖先、提倡孝道为中华民族的美德，这深入人心的思想也影响到宫殿建筑。根据《周礼·春官·小宗伯》记载，"建国之神位，右社稷，左宗庙。"帝王宫室建立时，基本遵循左祖右社的原则。宗庙的空间位置应当在整个王城的东部或东南部，社稷坛的空间位置则在西部或西南部，这种做法一直沿袭下来。"左祖"是祭祀祖先的地方，皇室称为"太庙"；"右社"是社稷坛，祭祀天地神灵，保佑国家社稷太平。这是古时最为注重的东西。再就是"轴对称"和"三朝五门"的布局原则，这都是为了体现建筑物的宏伟和皇室的气派，逐渐形成的原则。

故宫是世界现存最大、最完整的木质结构的古代皇宫建筑群，它是无与伦比的古代建筑杰作，被誉为世界五大宫之首。故宫历经了明、清两个朝代24位皇帝，是明、清两朝最高统治核心的代名词。

故宫位于北京市中心，旧称紫禁城，是明、清两代的皇宫。故宫始建于明永乐四年（公元1406年），永和十八年（公元1420年）基本竣工。故宫南北长961米，东西宽753米，面积约为725 000平方米，建筑面积15.5万平方米。相传故宫一共有9999.5个房间，实际据1973年专家现场测量，故宫有房间8704间。有人做过形象比喻，说一个人从出生就开始住，每一天住一间房，不重复，要住到27岁才可以出来。

故宫周围环绕着高12米、长3400米的宫墙，形式为一长方形城池，墙外有52米宽的护城河环绕，形成一个壁垒森严的城堡。故宫宫殿建筑均是木结构、黄琉璃瓦顶、青白石底座，饰以金碧辉煌的彩画。故宫有4个门，正门名午门，东门名东华门，西门名西华门，北门名神武门。面对北门神武门，有用土、石筑成的景山，满山松柏成林。在整体布局上，景山可说是故宫建筑群的屏障。

　　故宫的建筑依据其布局与功用分为"外朝"与"内廷"两大部分。
"外朝"与"内廷"以乾清门为界，乾清门以南为外朝，以北为内廷。
故宫外朝、内廷的建筑气氛迥然不同。外朝以太和、中和、保和三
大殿为中心，是皇帝举行朝会的地方，也称为"前朝"，是封建皇
帝行使权力、举行盛典的地方。此外两翼东有文华殿、文渊阁、上
驷院、南三所，西有武英殿、内务府等建筑。内廷以乾清宫、交泰殿、
坤宁宫后三宫为中心，两翼为养心殿、东西六宫、斋宫、毓庆宫，
后有御花园，是封建帝王与后妃居住之所。内廷东部的宁寿宫是当
年乾隆皇帝退位后为养老而修建的。内廷西部有慈宁宫、寿安宫等。
此外还有重华宫、北五所等建筑。

　　故宫严格地按《周礼·考工记》中"前朝后寝，左祖右社"的
帝都营建原则建造。整个故宫，在建筑布置上，用形体变化、高低
起伏的手法，组合成一个整体。在功能上符合封建社会的等级制度，
同时又达到了左右均衡和形体变化的艺术效果。故宫前部宫殿，建
筑造型宏伟壮丽，庭院明朗开阔，象征封建政权至高无上。因此，
太和殿坐落在紫禁城对角线的中心，四角上各有十只吉祥瑞兽，生

动形象，栩栩如生。后部内廷庭院深邃，建筑紧凑，因此东西六宫都自成一体，各有宫门宫墙，相对排列，秩序井然，再配以宫灯联对、绣榻几床，都是体现适应豪华生活需要的布置。

故宫是几百年前劳动人民智慧和血汗的结晶。在当时社会生产条件下，能建造这样宏伟高大的建筑群，充分反映了中国古代劳动人民的高度智慧和创造才能。建筑学家们认为故宫的设计与建筑，实在是一个无与伦比的杰作，它的平面布局、立体效果，以及形式上的雄伟、堂皇、庄严、和谐，堪称中国古代建筑艺术的精华。

天坛：世界上最大的祭天建筑群

祭祀是封建社会最为注重的礼仪之一。虽然在不同的时代祭祀有不同的风格，但是人们对祭祀的注视程度是一成不变的。从人类产生之日起，人们对天地自然就既有感激之情又有畏惧之心。天地自然赋予了我们生命，但是也给我们带来了灾难，所以就形成了祭祀的习俗，向天地祈福。天坛是世界上最大的古代祭天建筑群之一，在建筑设计和营造上集明、清建筑技术、艺术之大成。

祭祀是华夏礼典的一部分，更是儒教礼仪中最重要的部分。祭祀从内容上分为祭天、祭地、宗庙之祭和对先师先圣的祭祀。

始于周代的祭天也叫郊祭，冬至之日在国都南郊圜丘举行。古人首先重视的是实体崇拜，对天的崇拜还体现在对月亮的崇拜及对星星的崇拜。所有这些具体崇拜，在达到一定数量之后，才抽象为对天的崇拜。周代人崇拜天，是从殷代出现"帝"崇拜发展而来的，最高统治者为天子，君权神授，祭天是为最高统治者服务的，因此，祭天盛行到清代才宣告结束。

夏至是祭地之日，礼仪与祭天大致相同。汉代称地神为地母，说她是赐福人类的女神，也叫社神。最早祭地是以血祭祀。汉代以后，不宜动土的风水信仰盛行。祭地礼仪还有祭山川、祭土神、谷神、社稷等。

宗庙制度是祖先崇拜的产物。人们在阳间为亡灵建立的寄居所即宗庙。帝王的宗庙制是天子七庙，诸侯五庙，大夫三庙，士一庙。庶人不准设庙。宗庙的位置，天子、诸侯设于门中左侧，大夫则庙左而右寝。庶民则是寝室中灶膛旁设祖宗神位。祭祀时还要卜筮选尸。尸一般由孙辈小儿充当。庙中的神主是木制的长方体，祭祀时才摆放，祭品不能直呼其名。祭祀时行九拜礼："稽首""顿首""空首""振动""吉拜""凶拜""奇拜""褒拜""肃拜"。宗庙祭祀还有对先代帝王的祭祀，据《礼记·曲礼》记述，凡于民有功的先帝，如帝喾、尧、舜、禹、黄帝、文王、武王等都要祭祀。自汉代起始修陵园立祠祭祀先代帝王。明太祖则始创在京都总立历代帝王庙。嘉靖时在北京阜成门内建立历代帝王庙，祭祀先王三十六帝。

汉魏以后，以周公为先圣，孔子为先师；唐代尊孔子为先圣，颜回为先师。唐宋以后一直沿用"释奠"礼（设荐俎馈酌而祭），作为学礼，也作为祭孔礼。南北朝时，每年春秋两次行释奠礼，各地郡学也设孔、颜之庙。明代称孔子为"至圣先师"。清代，盛京（辽宁沈阳）设有孔庙，定都北京后，以京师国子监为太学，立文庙，孔子称"大成至圣文宣先师"。曲阜的庙制、祭器、乐器及礼仪以北京太学为准式。乡饮酒礼是祭祀先师先圣的产物。

天坛是中国现存规模最大、形式最精美的一处祭天建筑群，同时也是古代建筑史上最为珍贵的实物资料与历史遗产。它充分运用了各种建筑手法与建筑形式，充分体现了美学、力学、声学、几何学的原理，代表了中国古代建筑的最高成就。天坛是明清两代帝王祭天、祈谷、祈雨、祈丰年的地方，建于明永乐十八年（公元1420年），占地4184亩，大概是紫禁城面积的四倍。

天坛的建筑和布局带有浓厚的幻想色彩，它的建筑多为圆形，

琉璃瓦以蓝色为基调，象征着天坛是建在天上，突出天空的辽阔与高远，从而表现天帝的至尊无上，这是天坛建筑设计的中心思想。天坛建筑布局最引人注目的一点，即是摆脱了古代建筑群中惯用的以中轴线为对称的设计方案。天坛的建筑分为两部分，主要祭祀建筑安排在天坛的偏东中轴线上；另一组建筑斋宫位于西部，在西门内通道的南侧。这样，当人们从西门进入天坛之后，映入眼帘的首先就是那开阔的天宇，神圣、博大与至高无上的天帝立刻在蓝天白云的映衬之下凸现出来，人们顿时会感觉到自身的软弱与渺小，因此便会心甘情愿地向天帝顶礼膜拜，祈求保佑。

著名的天坛回音壁，一个人在一边对着它轻轻讲话，站在另一边的人用耳贴墙上都能听得很清楚。三音石，站在石板上发声，可以听到次数不同的回音。回音壁与三音石奇妙的声学现象，名列中国四大声学建筑之首。

天坛在建筑设计思想上，充分体现了祭祀功能。每一处建筑的设计都与天地息息相关，透露出深刻的文化象征意义。中国古代对自然天体的认识，长期停留在天圆地方之说上，认为苍天是圆的，无边无际，大地是方的，所以在天坛里大量用了方和圆的形象。

天坛建筑宏伟雄奇，个性鲜明，是中国古代建筑中坛庙建筑的典范之作，具有很高的历史艺术价值；它所包容的深刻的文化象征意义，把天坛的个性特征烘托得更加鲜明，极富吸引力。

南京灵谷寺无梁殿

南京灵谷寺是梁武帝为安葬宝志神僧建造的。据《高僧传》卷十记载，宝志又作保志，俗姓朱，金城（甘肃兰州）人。出家后师事僧俭，修习禅学，有很深的佛学造诣。传说在南朝宋太初元年（公元453年）以后，言行神异，"手足皆鸟爪"，常随身携带古镜、剪刀尺、扇之类的东西，披发赤足而行，"时或赋诗，言如谶记"。齐武帝、梁武帝和侯王士庶视为"神僧"，十分推崇。宝志圆寂后，梁武帝在宝志的安葬处即钟山西南坡独龙阜建筑五级木塔，并逐步扩充成寺庙，取名开善精舍。从山门到大殿就达5里，寺内有放生池、金刚殿、天王殿、无量殿、五方殿、毗卢殿、观音阁等殿堂，寺后有宝访公塔，十分巍峨壮丽。

砖的出现甚早，古代早就有"秦砖汉瓦"的说法。所以在秦朝之前就已经有砖了，但是在秦朝砖只是作为一种装饰，还没有大规模地运用到主体建筑上。

从原始社会一直到明清时代，夯土技术一直都在使用，但砖的大量使用是在明代。到春秋时期，瓦已普遍使用，并出现了砖，但砖主要用于陵墓中。到汉代，砖石建筑进一步发展，但依然是在陵墓中使用，其中石墓是典型代表。东汉以前以木椁墓为主，东汉以后砖石墓成为主流。南北朝时期，佛教兴盛，出现了砖塔。唐至宋，砖石依然只用于重要的建筑上，砖塔、石塔都有很大的发展。元代基本没有什么大的发展。砖的真正大量使用是在明代，砖普遍用于民间建筑，硬山建筑开始流行。明代的长城也使用了大量的砖。

灵谷寺内最有特色的建筑要数无量殿，因供奉无量光佛而得名，又因整座建筑全用砖石砌成，无梁无椽，故又称"无梁殿"。该殿是灵谷寺仅存的一座古建筑。

灵谷寺无梁殿是中国各地寺庙同类结构的无梁殿中规模最大的一座。该殿坐北朝南，前设月台，东西阔5间、长53.8米，南北深3间、宽37.85米，殿顶高22米。该殿为重檐歇山顶，上铺灰色琉璃瓦。殿顶正脊中部有3个白色琉璃喇嘛塔，正中最大的琉璃塔的塔座是空心八角形，与殿内藻井顶部相通，可向殿内漏光，这种设计在中国现存的古建筑中非常罕见。

无量殿是砖砌拱券结构，东西向并列3个拱券，中间的拱券跨度达11.5米，净高14米，两侧的拱券稍小，跨5米，高7.4米。该殿前后檐墙各设三道门，前檐墙拱门两边各有一窗，两侧墙各设四窗，门窗也采用拱券形式。前后檐墙厚约4米，结构十分坚固。内部为券洞，外部为仿木结构，檐下有挑出的斗拱，立面还建有门窗，是采用多样券法，错综连合构成的建筑。外部飞檐挑角，恰如巍峨的宫殿，内部却如前后回旋的幽洞，深邃幽静。整个建筑都用砖造成，不施寸木，是古代建筑史上的一颗明珠。

永乐大钟

中国在殷商时期就已经出现了青铜器，青铜器的铸造技术已经炉火纯青了。永乐大钟在北京德胜门铸钟厂铸成，清雍正十一年（公元1733年）移置觉生寺（今称大钟寺），是中国现存最大的青铜钟。

中国古代铜器源远流长，绚丽璀璨，有着永恒的历史价值与艺术价值。传世和近年发现的大量青铜器表明，青铜器自身有着一个完整的发展演变系统。青铜器的历史可以推到殷商时期，春秋战国时期就达到了鼎盛期，但随着铁器等其他金属的出现，青铜器逐渐衰退了。

青铜是红铜和锡的合金，据史籍记载，商、周两代是青铜器制作的黄金时期。中国最早的青铜器诞生于公元前3000多年的甘肃省马家窑，马厂文化遗址曾出土那时期制作的铜刀。商、周时期，中国的冶金技术水平进步很快，青铜器制作进入顶峰阶段。这时期出品的青铜器，是世界青铜文化中最典型、最丰富的代表。

早期的青铜器种类很多，用途广泛，主要种类有兵器、炊器、酒器、食器、水器、乐器、铜镜、车马饰、带钩、度量器、动物造型等。许多贵族视青铜器为身份的象征，除身前大量享用，死后也把大量的青铜器随葬。《吕氏春秋·节丧》曾记载："国弥大，家弥富，葬弥厚，含珠鳞施。……诸养生之具无不从者。"此外，青铜器的文字，对后世了解当时的社会发展、重大事件、生活习俗，有着极其重要的价值。

永乐大钟是在青铜器衰落后，又一鼎力之作。

北京的大钟寺，原名觉生寺。觉生寺的大钟是明代永乐年间铸造的，所以叫"永乐大钟"。铜钟悬挂在大钟楼中央巨架上，通体褚黄，高 6.75 米，直径 3.7 米，口外径 3.3 米，重 46.5 吨。钟唇厚 18.5 厘米，

钟体光洁，无一处裂缝，内外铸有经文 230 184 字，无一字遗漏，铸造工艺精美，为佛教文化和书法艺术的珍品。撞击之，音色好，衰减慢，传播远。轻撞，声音清脆悠扬，回荡不绝达一分钟。重撞，声音雄浑响亮，尾音长达两分钟以上，方圆 50 公里皆闻其音。

明永乐大钟是采用泥范法（中国的三大传统铸造工艺：泥范法、铁范法和失蜡法）铸造。先在地上挖一个大坑，用草木和三合土做好内壁，上面涂上细泥，把写

好经的宣纸反贴在细泥上，刻好阴字，加热烧成陶范，然后再一圈圈做好外范。铸时，几十座熔炉同时开炉，金花飞溅，铜汁涌流，金属液沿泥作的槽注入陶范，一次铸成。

该钟配方科学，钟体强度达最佳值，故受撞500多年，仍完好如初。大钟含铜80.5%，含锡16%，还有铅、锌、铁、硅、镁等元素。这种成分配比，与《考工记》中的"六齐"项下的"钟鼎之齐"的记载极其近似。钟壁薄而经得起重击，音质音色驰名天下。

大钟铸好后存放在汉经厂（遗址在产今嵩祝寺一带），直到万历三十五年（公元1607年）才被移到西直门外万寿寺悬挂起来，并为它专门建了一座方形钟楼，每天由6个和尚专司撞钟之职。此钟的悬挂方法符合力学原理，悬钟木架采用八根斜柱支撑，合力向心，受力均匀，大钟悬挂在主梁上，全靠一根长1米、高14厘米、宽6.5厘米的铜穿钉，穿钉虽承受几十吨的剪应力却安然无恙。

万园之园：圆明园

园林建筑在春秋战国时期就已经出现，只不过当时的规模比较小，没有现在的园林看起来气派、艺术感强。中国疆域辽阔，气候、习俗等都差异较大，园林建筑也不例外，南北形成了自己独特的风格。北方的园林多以山水为主，显得气度不凡；南方园林则是小巧玲珑，格外妖娆妩媚。而随着园林的发展，南北园林之间的差异逐渐缩小，北方更多地吸收南方园林特色，圆明园就是这一特点的典型代表。

中国的古典园林是中华建筑史上的一朵奇葩，园林更接近自然美。中国园林产生的时间大致在商周时期，根据文献记载，早在商周时期，就已经开始了利用自然的山泽、水泉、鸟兽进行初期的造园活动。这时，除了在苑内筑有高土台供观察天文和瞭望，还没有

什么建筑。这种建筑被称为苑。春秋战国时期的园林中有了进一步的风景组合，已经开始营构自然山水园林。在园林中造亭筑桥，种植花木，园林的组成要素已经基本具备。园林的起步很早，发展速度也是不可小觑的。到了明清时期，中国园林建筑已经登峰造极，成了建筑与艺术的完美结合。

圆明园是一座皇家园林，始建于康熙朝，完成于乾隆时。这里本是一片平地，既无自然的山丘，也没有已经形成的湖面。但是地下水源却十分丰富，可以说挖地3尺即可见水，成了一块建造园林的绝佳之地。

圆明园中有大型的水面，如福海，宽达600米，处在全园的中心，湖中建有岛屿；有中型水面，如在正门北面的后湖及长春、万春两园内的湖，长宽约二三百米，隔湖观赏对岸景色，尚可历历在目；有小型水面无数，山前房后，一塘清水，比比皆是；还有回流不断的小溪小河，如同园内纽带，将大小水面串联成一个完整的水系，构成一个十分有特色的水景园林。也许有人会疑问，本来是平地，哪来的这么多湖呢？当然这些湖都是人工挖掘出来的，挖湖的土堆积起来就成了一个个的小土丘，因此就成了有山有水的福地。

圆明园向来有万园之园的称号，圆明三园，或是以建筑为中心，配以山水树木；或是在山水之中，点缀各式建筑，围以墙垣，形成一个个既独立又相互联系的小园，组成无数各具特色的景观。这里最初只有一座园子，雍正皇帝称帝后，才被建造成皇家园林。后来经过扩建才逐渐成了万园之园。有处在宫门内供皇帝上朝听政用的正大光明殿；有以福海和海中三岛组成，象征着仙山琼阁的"蓬岛瑶台"；有供奉祖先的庙宇安佑宫等。乾隆皇帝几下江南，对南方的小桥流水人家的景象十分喜爱，因此就把苏州、杭州一带的名园胜景统统带到园里，于是圆明园里出现了苏州水街式的买卖街，杭州西湖的三潭印月、柳浪闻莺、平湖秋月等著名景观，只不过这些江南胜景在这里都变成了小型的、近似模型式的景点。

圆明园的建筑，平面除长方、正方形以外，还有工字、口字、田字、井字、字、曲尺、扇面等多种形式；屋顶也随着不同的平面灵活地采用庑殿、歇山、硬山、悬山、卷棚等形式；光亭子就有四角、六角、八角、圆形、十字形，还有特殊的"流水"形；廊子也分直廊、曲廊、爬山廊和高低跌落廊多种。乾隆时期还在长春园的北部集中建造了一批西洋式的石头建筑。现在我们依然可以看到东倒西歪的石柱残骸，雕刻技术不凡，当时被称为"巴洛克"式建筑。建筑周围也布置着欧洲园林式的整齐花木和喷水泉等，可以说这是西方建筑形式第一次集中地出现在中国。

圆明园就是这样由不同大小的水面、不同高低的山丘和形式多样的建筑形成的各具特色的景观。在雍正时期就形成了24景，乾隆时期又增加了20景，加上长春园的30景和绮春园的30景，形成占地5000余亩、共有100多处景点的宏大的皇家园林，所以西方有人把圆明园称为"万园之园"。

最早的历书：《夏小正》

《夏小正》是中国最早的记载物候的著作，也是中国现存最早的一部农事历书，对古代天象与先秦历法研究有相当重要的参考价值。

农业生产与季节、天象有着极为密切的关系。中国古代的天文历法知识，就是在农业生产的实践中不断积累起来、又直接为农业生产服务的。

夏代的历法《夏小正》是中国最早的历法，由"经"和"传"两部分组成，全文共 400 多字。内容按一年 12 个月，分别记载每月的物候、气象、星象和有关的重大政事，特别是生产方面的大事。书中反映当时的农业生产的内容包括谷物、纤维植物、染料、园艺作物的种植，蚕桑，畜牧和采集、渔猎。其中，蚕桑和养马颇受重视；马的阉割，染料中的蓝和园艺作物芸、桃、杏等的栽培，均为首次见于记载。

《夏小正》文句简奥，大多数是二字、三字或四字为一个完整句子。其指时标志，以动植物变化

为主，用以指时的标准星象都是一些比较容易看到的亮星，如辰参、织女等。

《夏小正》缺少十一月、十二月和二月的星象记载，还没有出现四季和节气的概念，所记载的生产事项，包括农耕、渔猎、采集、蚕桑、畜牧等，无一字提到"百工之事"，从中可以看出当时社会分工还不发达。所有这些都表明《夏小正》的原始和时代的古老。

《夏小正》是中国最早的一部指导农业生产的物候历，是以动植物生态知识为基础、结合天象制定出来的。它记录了夏代以来积累的物候知识，其中记载了起物候作用的植物，有柳、梅、杏、芦苇、狗尾草、菊等18种，主要以始花期作为物候来临的标志。记载起物候作用的动物有大雁、鱼、田鼠、燕、蛙、蝉、鹿、蜉蝣等33种，主要以动物往来、出入、交尾或鸣叫期为物候来临的标志。《夏小正》中对物候的记载很详细也很科学，是一部非常可贵的物候历。

通过这些可以看出，在春秋战国前，古代先民已经积累了相当丰富的有关动植物的知识，为生物学的进一步发展打下了良好的基础。当然这些生物学还是零星分散的，真正将动植物作为对象，进行比较系统、深入的考察研究，是从春秋战国以后开始的。

世界上最早的手工业著作：《考工记》

《考工记》是中国目前所见的年代最早的手工业技术文献，书中记述了齐国官营手工业各个工种的设计规范和制造工艺，在中国科技史、工艺美术史和文化史上都占有重要地位，在当时世界上也是独一无二的。

《考工记》是中国春秋时期记述官营手工业各工种规范和制造工艺的文献，书中保留有先秦大量的手工业生产技术、工艺美术资料，记载了一系列的生产管理和营建制度，一定程度上反映了当时的思想观念。

关于《考工记》的作者和成书年代，长期以来学术界看法不同。目前多数学者认为，《考工记》是齐国官书（齐国政府制定的指导、监督和考核官府手工业、工匠劳动制度的书），作者为齐稷下学官的学者；该书主体内容编纂于春秋末至战国初，部分内容补于战国中晚期。

今天所见《考工记》，是作为《周礼》的一部分。《周礼》原名《周官》，由"天官""地官""春官""夏官""秋官""冬官"六篇组成。西汉时，"冬官"篇佚缺，河间献王刘德便取《考工记》补入。刘歆校书编排时改《周官》为《周礼》，故《考工记》又称《周礼·考工记》（或《周礼·冬官考工记》）。

《考工记》篇幅并不长，全书共 7100 余字，但科技信息含量却相当大，内容涉及先秦时代的制车、兵器、礼器、钟磬、炼染、建筑、水利等手工业技术，还涉及天文、生物、数学、物理、化学等自然科学知识，记述了木工、金工、皮革工、染色工、玉工、陶工 6 大类，30 个工种，其中 6 种已失传，后又衍生出 1 种，实存 25 个工种的内容。

《考工记》除论述了各种手工业的设计要求和制作工艺外，还力图阐明其中的科学道理。先秦的许多科技成就，都是依靠它得以最早记载下来。

中国进入青铜时代虽比西亚晚，但冶铸技术的发展速度很快，后来居上，在商代已达到了一个高峰。著名的司母戊大方鼎等出土文物就是这个历史时期的见证。在《考工记》中，青铜冶铸已发展成拥有 6 个工种的手工业部门，而且有着先进的技术经验。如"金钉六齐"（青铜器的 6 种合金比例）的记载，是世界上最早对合金规律的认识，第一次向人们指出了合金性能和合金成分之间的关系。

《考工记》中还说，在冶铸加热过程中，先是冒黑浊之气，然后是黄白之气、青白之气，等到炉火变成纯青之色时，火候正好，就可以开始浇铸了。这是世界上依据烟气和火焰颜色来判断冶炼进程的最早记载。

《考工记》中记载了许多物理知识，如：用水的浮力测量箭杆的质量分布；指出箭羽是箭飞行的稳定装置。又如车辆制造中提到了滚动摩擦力和轮径大小的关系等。这些都是力学知识的较早记载。钟、鼓是中国古代重要的乐器。《考工记》中对它们的大小、厚薄等因素对音质的影响都进行了较详细的论述，表现了丰富的声学知识，特别是"凫氏为钟"一节，堪称一篇层次分明、逻辑严谨的制钟论文，叙述制钟的规范、音响等情况，比欧洲同种内容的文献要早 1500 多年。

《墨经》与机械制造

《墨经》记录了后期墨家思想的精华，是战国时代中国自然科学和手工业生产技术知识的光辉记录，也是世界上最早的有关物理学基本理论的著作。

墨子，名翟，鲁国人，战国时期著名的思想家、教育家、科学家，墨家学派的创始人。墨子年少时曾学习儒家学说，因不满该学说中礼的烦琐，另立新说，聚众讲学，成为儒家的主要反对派。在代表新兴地主阶级利益的法家崛起以前，墨家是先秦和儒家相对立的最大的一个学派。

墨子是一个制造机械的手工业者，精通木工。墨子一派人中多数是直接参加劳动的，接近自然，热心于对自然科学的研究，又有比较正确的认识论和方法论的思想，他们把自己的科学知识、言论、主张、活动等集中起来，汇编成《墨子》。

《墨经》是《墨子》书中的重要部分，约完成于周安王十四年（公元前388年）。《墨经》有《经上》《经下》《经上说》《经下说》四篇（一说还包括《大取》《小取》共六篇）。《经说》是对《经》的解释或补充。也有人认为《经》是墨子主持编写，《经说》则是其弟子们所著录。《墨经》的内容，逻辑学方面所占的比例最大，自然科学次之，其中几何学10余条，专论物理方面的约20余条，主要包括力学和几何光学方面的内容。此外，还有伦理、心理、政法、经济、建筑等方面的条文。

　　《墨经》中有8条论述了几何光学知识，它阐述了影、小孔成像、平面镜、凹面镜、凸面镜成像，还说明了焦距和物体成像的关系，这些比古希腊欧几里得（约公元前330—前275年）的光学记载早百余年。在力学方面的论说也是古代力学的代表作。对力的定义、杠杆、滑轮、轮轴、斜面及物体沉浮、平衡和重心都有论述，而且这些论述大都来自实践。

　　《墨经》的力学知识是先秦著作中最丰富、最集中的。

　　对于物体的运动，书中给出了严格的定义，"动，或（域）徙也。"就是说运动的物体位置发生了移动，从一个地方到了另一个地方。这和现在机械运动的定义是一致的。《墨经》认为静止是物体在某一时间限上处于空间的同一位置。书中还进一步讨论了运动和静止的辩证关系，认为像射箭那样，在极短的时间内前进了很大距离，这种运动是十分明显的。而像人过桥那样，一步一顿，每一步都有短暂的静止，但就过桥的整个过程来说，静止只是暂时的、相对的，通过每一步的相对静止，完成整个过桥的运动。这种把静止放到运动中去研究的思想方法是十分深刻的。

　　《墨经》中关于力的定义是从人的体力概念引出的。《墨经》把人体叫作"刑"，也就是"形"，把人体通过举、持、掷、击等方式使运动转移变化的过程叫作"奋"。这样，它定义"力"是"刑之所以奋也"。这是说，"力"是人使运动发生转移和变化的原因。在解释这一定义时，书中明确指出"力"和"重"是相当的，举起重物就是一种"奋"的表现。16世纪以前，欧洲的学者认为"力"是维持物体运动的原因，比较而言，《墨经》中对"力"的认识则要先进得多。

春秋时期，杠杆的利用和衡器的使用是很普通的。《墨经》从科学的角度分析了杠杆平衡的原理，指出杠杆的平衡不仅取决于加在两端的重量，而且和"本"（重臂）"标"（力臂）的长短有关，已经有了力矩的概念。墨家学者比阿基米德更早知道了距离和平衡是有关系的，可惜的是并没有给出明确的数量关系。

《墨经》中已朴素地认识到了浮力原理。形体大的物体，在水中沉下的部分很浅，这是因为物体重量和水的浮力平衡的道理。另外，书中对于滑轮、斜面等简单机械，以及拉力、引力等，都进行了论述。

《周髀算经》

《周髀算经》是算经十书之一，是中国流传至今的一部最早的数学著作，同时也是一部天文学著作。它介绍了勾股定理及其应用，对后世数学科学的发展起到了重要作用。

盖天说，是中国最古老的宇宙说之一。"天似穹庐，笼盖四野。"盖天说的出现大约可以追溯到商周之际，当时有"天圆如地盖，地方如棋局"的说法。到了汉代，盖天说形成了较为成熟的理论。《周髀算经》是盖天说的代表作，认为"天象盖笠，地法覆盘"，即天地都是圆拱形状，互相平行，相距8万里，天总在地上。

盖天说为了解释天体的东升西落和日月行星在恒星间的位置变化，设想出一种蚁在磨上的模型。认为天体都附着在天盖上，天盖终日旋转不息，带着诸天体东升西落。但日月行星又在天盖上缓慢地东移，由于天盖转得快，日月行星运动慢，都仍被带着旋转，这就如同磨盘上带着几个缓慢爬行的蚂蚁，虽然它们向东爬，但仍被磨盘带着向西转。

太阳在天空的位置时高时低，冬天在南方低空中，一天之内绕一个大圈子；夏天在天顶附近，绕一个小圈子；春秋分则介于其中。

盖天说又认为人目所及范围为 16.7 万华里，再远就看不见了，所以白天的到来是因为太阳走近了，晚上是太阳走远了。这样就可以解释昼夜长短和日出入方向的周年变化。

盖天说的主要观测器是表（髀），利用勾股定理做出定量计算，赋予盖天说以数学化的形式，使盖天说成为当时有影响的一个学派。

盖天说反映了人们认识宇宙结构的一个阶段，在描述天体的视运动方面也有一定的历史意义。

从《周髀算经》中所包含的数学内容来看，主要讲述了学习数学的方法、用勾股定理来计算高深远近和比较复杂的分数计算等。

在《周髀算经》中有这样一个故事：一天，周公问当时的数学家商高："天有多高？"商高想了想说："用'勾三股四弦五'的方法可以计算出来天有多高。"周公继而又问，什么是"勾三股四弦五"。商高告诉他："你可以在纸上画一个长方形，长 3 厘米，宽 4 厘米，然后将对角用直线连接起来，这样就会出现两个直角三角形，量一量这条对角线，一定是 5 厘米。"这就是勾股定理，又被称为"商高定理"。

在《周髀算经》中，记载了古人怎样用简单的方法计算出太阳到地球的距离。据记载，太阳距离的测算方法是：先在全国各地立一批 8 尺长的竿子，夏至那天中午，记下各地竿影的长度，得知首都长安的是 1 尺 6 寸；距长安正南方 1000 里的地方，竿影是 1 尺 5 寸；距长安正北 1000 里则是 1 尺 7 寸。因此知道南北每隔 1000 竿影长度就相差 1 寸。又在冬至那天测量，长安地方影长 1 丈 3 尺 5 寸。

《周髀算经》取夏至与冬至间，竿影刚好是 6 尺的时候来计算，得出的答案是 10 万里。现在，经过科学测量得出地球和太阳的距离约为 1.4950 亿公里。虽然《周髀算经》的记载并不准确，但是值得肯定的是运算过程是正确的。

《九章算术》：最古老的数学专著

《九章算术》是中国流传至今的最古老的数学专著之一。其内容十分丰富，系统总结了战国、秦、汉时期的数学成就，是当时世界上最先进的应用数学，它的出现标志着中国古代数学形成了完整的体系。

《九章算术》的内容十分丰富，全书采用问题集的形式，收有 246 个与生产、生活实践有联系的应用问题，其中每道题有问（题目）、答（答案）、术（解题的步骤，但没有证明），有的是一题一术，有的是多题一术或一题多术。这些问题依照性质和解法分别隶属于方田、粟米、衰分、少广、商功、均输、盈不足、方程及勾股九章。

方田章提出了各种多边形、圆、弓形等的面积公式，分数的通分、约分和加减乘除四则运算的完整法则。

粟米章提出比例算法，称为今有术，也称异乘同除。

衰分章提出比例分配法则，介绍了开平方、开立方的方法，其程序与现今程序基本一致。这是世界上最早的多位数和分数开方法则，奠定了中国在高次方程数值解法方面长期领先世界的基础。

盈不足章提出了盈不足、盈适足和不足适足、两盈和两不足三种类型的盈亏问题，以及若干可以通过两次假设化为盈不足问题的一般问题的解法。

方程章采用分离系数的方法表示线性方程组，相当于现在的矩阵；解线性方程组时使用的直除法，与矩阵的初等变换一致。这是世界上最早的完整的线性方程组的解法。书中还引进和使用了负数，并提出了正负数的加减法则，与现今代数中法则完全相同；解线性方程组时实际还施行了正负数的乘除法。

勾股章提出了勾股数问题的通解公式，利用勾股定理求解各种问题。其中的绝大多数内容是与当时的社会生活密切相关的。

《九章算术》确定了中国古代数学的框架，以计算为中心的特点，密切联系实际，以解决人们生产、生活中的数学问题为目的的风格。

《九章算术》确定了中国古代数学的框架，产生了深远的影响。但是《九章算术》也有不容忽视的缺点：没有任何数学概念的定义，也没有给出任何推导和证明。魏景元四年（公元263年），刘徽给《九章算术》作注，这个缺陷才得到弥补。

刘徽生于公元250年左右，三国后期魏国人，是古代杰出的数学家。他定义了若干数学概念，全面论证了《九章算术》的公式解法，提出了许多重要的思想、方法和命题，取得了斐然的成绩。

刘徽对数学概念的定义抽象而严谨。他揭示了概念的本质，基本符合现代逻辑学和数学对概念定义的要求。而且他使用概念时也保持了同一性。比如他提出凡数相与者谓之率，把率定义为数量的相互关系。又如他把正负数定义为今两算得失相反，要令正负以名之，摆脱了正为余，负为欠的原始观念，从本质上揭示了正负数得失相反的相对关系。

《九章算术》的算法抽象，相互关系不明显，显得零乱。刘徽大大发展深化了久已使用的率概念和齐同原理，把它们看作运算的纲纪。许多问题，只要找出其中的各种率关系，通过乘以散之，约以聚之，齐同以通之，都可以归结为今有术求解。

一平面（或立体）图形经过平移或旋转，其面积（或体积）不变。把一个平面（或立体）图形分解成若干部分，各部分面积（或体积）之和与原图形面积（或体积）相等。基于这两条前提的出入相补原理，是中国古代数学进行几何推演和证明时最常用的原理。刘徽发展了出入相补原理，成功地证明了许多面积、体积以及可以化为面积、体积问题的勾股、开方的公式和算法的正确性。

《水经注》：中国第一部水文地理专著

《水经注》是中国古代较完整的一部以记载河道水系为主的综合性的地理著作，同时也是一部优美的山水散文汇集，文笔雄健俊美，具有文学价值。《水经注》是入选中国世界纪录协会中国第一部水文地理专著，其作者郦道元可称为中国游记文学的开创者，对后世游记散文的发展影响颇大。

郦道元，字善长，范阳涿州（今河北涿州）人，北魏地理学家、散文家。仕途坎坷，终未能尽其才。

郦道元少年时代曾随父亲到山东访求水道，后又游历秦岭、淮河以北和长城以南广大地区，考察河道沟渠，搜集有关的风土民情、历史故事、神话传说等。他把自己的所见所闻都详细记录下来，日积月累，掌握了许多有关各地地理情况的原始资料，逐渐积累了丰富的地理学知识。

《水经》是中国第一部记述河道水系的专著，相传为西汉桑钦所作。书中列举大小河道137条，内容非常简略。郦道元搜集了有关水道的记载和他自己游历各地、跋涉山川的见闻为《水经》作注，对《水经》中的记载已详细阐明并大为扩充，这就是众所周知的《水经注》。

郦道元为什么要为《水经》作注呢？他在序文中提到了三方面原因。首先，古代地理书籍，《山海经》过于荒杂，《禹贡》《周礼·职方》只具轮廓，《汉书·地理志》记述又不详备，而一些赋限于体裁，不能畅所记述。《水经》一书虽然专述河流，具有系统纲领，但没有记载水道以外的地理情况。他在游历大好河山时所见所闻十分丰富，为了把这些丰富的地理知识传于后人，所以他选定《水经》一书为纲来描述全国的地理情况。其次，郦道元认识到地理现象处于不断变化中。上古情况已很渺茫，其后部族迁徙、城市兴衰、河道变迁、名称交互更替等都十分复杂，所以他决定以水道为纲，可以进而描述经常变化中的地理情况。更重要的是，他当时身处时代政局分裂，他向往祖国统一，于是利用属于全国的自然因素河流水系作纲，这可以打破当时人为的政治疆界的限制，体现出他盼望祖国统一的愿望。从这个意义上来说，《水经注》是一部爱国主义著作。

《水经注》40卷，全面而系统地介绍了水道所流经地区的自然地理和经济地理等诸方面内容，是一部历史、地理、文学价值都很高的综合性地理著作。

《水经注》是以《水经》所记水道为纲。《水经》共载水道137条，而《水经注》则将支流等补充发展为1252条，注文达30万字，涉及的地域范围，除了基本上以西汉王朝的疆域作为其撰写对象，还涉及当时不少域外地区，包括今印度、中南半岛和朝鲜半岛若干地区，覆盖面积实属空前。

所记述的时间幅度上起先秦，下至南北朝当代，上下约两千多年。它所包容的地理内容十分广泛，包括自然地理、人文地理、山川胜景、历史沿革、风俗习惯、人物掌故、神话故事等等。更为可贵的是这些内容并不是单纯地罗列在一起，而是有系统地进行综合性的记述。

《水经注》包括了自然地理和人文地理两方面内容。在自然地理方面，所记大小河流有1252条，从河流的发源到入海，干流、支流、河谷宽度、河床深度、水量和水位季节变化，含沙量、冰期以及沿河所经的伏流、瀑布、急流、湖泊等等都有详细记载。植物地理方面记载的植物品种多达140余种，动物地理方面记载的动物种类超过100种。自然灾害有水灾、旱灾、风灾、蝗灾、地震，记载的水灾共30多次，地震有近20次。

在人文地理方面，所记的一些政区建制可以补充正史地理志的不足。所记的县级城市和其他城邑共2800座，古都180座。除此外，小于城邑的聚落包括镇、乡、亭、里、聚、村、墟、戍、坞、堡10类，共约1000处。国外一些城市也都有详细记载。

交通地理包括水运和陆路交通，其中仅桥梁就记有100座左右，津渡有近100处。经济地理方面有大量农田水利资料，还记有大批屯田、耕作制度等资料。在手工业生产方面，包括采矿、冶金、机器、纺织、造币、食品等。兵要地理方面，全注记载的从古以来的大小战役不下300次，许多战役都生动说明了利用地形的重要性。

除丰富的地理内容外，还有许多学科方面的材料。比如书中所记各类地名约有两万处，其中解释的地名就有2400多处。所记中外古塔30多处，宫殿120余处，各种陵墓260余处，寺院26处，以及不少园林等。可见该书对历史学、考古学、地名学、水利史学以至民族学、宗教学、艺术等方面都有一定的参考价值。

郦道元采用了文学艺术手法进行绘声绘色的描述，所以《水经注》也是中国古典文学名著，在文学史上居有一定地位，是"魏晋南北朝时期山水散文的集锦，神话传说的荟萃，名胜古迹的导游图，风土民情的采访录"。

"祖率"

祖冲之不但精通天文、历法，在数学方面的成就更是超越前代。他算出的圆周率精确到小数点后的第7位，成为当时最先进的成就，这个纪录直到15世纪才被打破。

圆周率的应用很广泛，尤其是在天文、历法方面，只要是与圆有关的一切问题，都要使用圆周率来推算。古代劳动人民求得的最早的圆周率值是"3"。虽然很不精密，但一直被沿用到西汉。

随着科学的发展，越来越多的人开始研究圆周率。西汉末年刘歆经过推算，求得圆周率的数值为3.1547。东汉张衡算出圆周率为3.1622。这些数值相较之前有了很大进步，但是还不够精密。三国末年，数学家刘徽用割圆术来求圆周率，使圆周率的研究获得重大进展。

先作一个圆，再在圆内作一内接正六边形。假设这圆的直径是2，那么半径就等于1。内接正六边形的一边一定等于半径，所以也等于1；它的周长就等于6。如果把内接正六边形的周长6当作圆的周长，用直径2去除，得到周长与直径的比 $\pi=6/2=3$，这就是古代 $\pi=3$ 的数值。但是这个数值远远小于圆周的周长，是不准确的。

如果把内接正六边形的边数加倍，再用适当方法求出它的周长，就更接近圆面积。圆内所作的内接正多边形的边数越多，它的周长和圆周周长之间的差额就越小。从理论上来讲，如果内接正多边形的边数增加到无限多时，那时正多边形的周界就会同圆周密切重合在一起，从此计算出来的内接无限正多边形的面积，也就和圆面积相等了。

事实上，内接正多边形的边数不可能增加到无限多而与圆周重合，只能有限度地增加内接正多边形的边数，使它的周界和圆周接近重合。所以用增加圆的内接正多边形边数的办法求圆周率，得数永远稍小于 π 的真实数值。刘徽根据这个道理，从圆内接正六边形开始，逐次加倍地增加边数，一直计算到内接正九十六边形为止，求得了圆周率是 3.141024，被称为"徽率"。

祖冲之在前人成就的基础上，经过刻苦钻研，反复演算，求出 π 在 3.1415926 与 3.1415927 之间。

在推算圆周率时，祖冲之付出了异常艰辛的努力。如果从正六边形算起，算到 24576 边时，就要把同一运算程序反复进行 12 次，而且每一运算程序又包括加减乘除和开方等十多个步骤。即使现在用纸笔算盘来进行这样的计算，也是极其吃力的。当时祖冲之进行这样繁难的计算，只能用筹码（小竹棍）来逐步推演。如果没有坚韧不拔的毅力，是不可能成功的。

为了纪念祖冲之的杰出贡献，他对圆周率的精确推算值，被命名为"祖冲之圆周率"，简称"祖率"。

中国古代劳动人民，由于畜牧业和农业生产的需要，经过长期的观察，发现了日月运行的基本规律。他们把第一次月圆或月缺到第二次月圆或月缺的一段时间规定为一个月，每个月是 29 天多一点，12 个月称为一年。这种计年方法叫作阴历。他们又认识到从第一个冬至到下一个冬至（实际上就是地球围绕太阳运行一周的时间）共需要 365 天又四分之一天，于是也把这一段时间称作一年。按照这种办法推算的历法通常叫作阳历。

阴历一年和阳历一年的天数，并不恰好相等。按照阴历计算，一年共计 354 天；按照阳历计算，一年应为 365 天 5 小时 48 分 46 秒。阴历一年比阳历一年要少 11 天多。为了使这两种历法的天数一致起来，需要采用"闰月"的办法调整阴历一年的天数。在若干年内安排一个闰年，在每个闰年中加入一个闰月。每逢闰年，一年就有 13 个月。这样阴历年和阳历年就会比较符合。

古代一直采用 19 年 7 闰。这种闰法一直采用了 1000 多年，不过还不够周密、精确。公元 412 年，北凉赵𬴂创作《元始历》，规定在 600 年中间插入 221 个闰月，但没有引起当时人的注意。

祖冲之吸取了赵𬴂的先进理论，加上自己的观察，认为十九年七闰的闰数过多，每 200 年就要差一天，而赵𬴂 600 年 221 闰的闰数却又嫌稍稀。因此，他提出了 391 年 144 闰的新闰法。这个闰法在当时算是最精密的了。

《大唐西域记》

《大唐西域记》是由唐代著名高僧唐玄奘口述，弟子辩机执笔编集而成，记载了玄奘亲身经历和传闻得知的 138 个国家和地区、城邦，对研究古代中亚及南亚的历史，有非常重要的参考价值，更是印度佛教史研究的难得资料。

玄奘，俗名陈祎，洛州缑氏（今河南偃师县）人，出生于世代儒学之家，出家后法名玄奘，敬称三藏法师，俗称唐僧。

公元 617 年，玄奘离开洛阳，先后游历四川、湖北、长安等地 10 余年，遍访名山大寺，寻求佛学真谛。随着学业的日益长进，他

的疑问和困惑也越来越多，而当时中国佛典和高僧并不能解决这些疑惑，于是他下决心去佛教的发源地印度取经求法。

唐太宗贞观元年（公元627年），玄奘从长安出发，孤身开始了他的西行之旅。历经千难万险，他终于达到印度。

当时的印度小国林立，分为东、西、南、北、中五部分，史称五印度或五天竺。玄奘先到北印度，在那里拜望高僧，巡礼佛教圣地，跋涉数千里，经历十余国，进入恒河流域的中印度。在中印度，摩揭陁国（今印度比哈尔邦）拥有印度千万所寺院之首的那烂陀寺，这是当时全印度的文化中心，也是玄奘西行求法的目的地。寺中聚集了精通各项学术的精英，还收藏着佛教大、小乘经典，婆罗门教经典，以及医药、天文、地理、技术等书籍。玄奘在那烂陀寺学习了5年。后来到中印度、东印度、南印度、西印度游学，足迹几乎遍布全印度。当玄奘再次返回那烂陀寺时，寺主持戒贤法师命他为寺内众僧讲解《摄大乘论》等佛典，赢得了极大声誉，被大乘教尊为"大乘天"，被小乘教尊为"解脱天"。

公元643年，玄奘携带657部佛经，踏上了返回的路程，两年后回到长安。玄奘西行取经，行程5万里，历时18年，堪称一次艰难而又伟大的旅行。

玄奘回国后，受到了热烈欢迎。唐太宗亲自在洛阳召见了他，并敦促他将在西域、印度的见闻撰写成书。《大唐西域记》由玄奘口述，由弟子辩机执笔，于贞观二十年（公元 646 年）七月完成。

《大唐西域记》分 12 卷，共 10 余万字，书中冠以于志宁、敬播两序。卷 1 记载了新疆和中亚的广大地区，是玄奘初赴印度经过的地方。卷 2 之首有印度总述，然后直到卷 11 分述五印度的概况。卷 12 记载了玄奘回国途中经行的帕米尔高原和塔里木盆地南缘诸国概况。

《大唐西域记》记载了东起中国新疆、西至伊朗、南到印度半岛南端、北到吉尔吉斯斯坦、东北到孟加拉国这一广阔地区的历史、地理、风土、人情，科学地概括了印度次大陆的地理概况，记述了从帕米尔高原到咸海之间广大地区的气候、湖泊、地形、土壤、林木、动物等情况，而世界上流传至今的反映该地区中世纪状况的古文献极少，因而成了全世界珍贵的历史遗产，成为这一地区最为全面、系统而又综合的地理记述，是研究中世纪印度、尼泊尔、巴基斯坦、斯里兰卡、孟加拉国、阿富汗、乌兹别克斯坦、吉尔吉斯斯坦等国，克什米尔地区，以及中国新疆最为重要的历史地理文献。

《茶经》：茶叶的百科全书

《茶经》是中国乃至全世界现存最早、最完整、最全面介绍茶的专著，被誉为"茶叶百科全书"。它将普通茶事升格为一种美妙的文化艺术，不仅是一部精辟的农学的著作，还是一部阐述茶文化的书，推动了中国茶文化的发展。

陆羽，字鸿渐，号竟陵子，又号"茶山御史"。陆羽一生嗜茶，精于茶道，著有世界第一部茶叶专著——《茶经》，对中国茶业和世界茶业发展做出了卓越贡献，被誉为"茶仙"，尊为"茶圣"，祀为"茶神"。

据《新唐书》和《唐才子传》记载，陆羽因其相貌丑陋被遗弃，被当地龙盖寺智积禅师收养。陆羽在寺庙内学文识字，习诵佛经，还学会煮茶等事务。虽处佛门净土，但陆羽并不愿皈依佛法，削发为僧。12 岁那年，他乘人不备，逃出了龙盖寺。后来，陆羽结识了被贬的礼部郎中崔国辅。两人一见如故，常一起出游，品茶鉴水，谈诗论文。

陆羽 21 岁时决心写《茶经》，为此开始了对茶的游历考察。他一路风尘，饥食干粮，渴饮茶水，经义阳、襄阳，往南漳，直到四川巫山。他每到一处，都与当地村老讨论茶事，将各种茶叶制成各种标本，将途中所了解的茶的见闻轶事记下，做了大量的"茶记"。

经过 10 余年，陆羽实地考察 32 个州，最后隐居苕溪（今浙江湖州），开始著述。初稿历时 5 年写成，以后 5 年又增补修订，从考察到正式定稿，总共历时 26 年。

唐朝以前，茶的用途多在药用，仅少数地区以茶做饮料。自陆羽后，茶成为中国民间的主要饮料，饮茶之风盛行，饮茶品茗成为中国文化的一个重要组成部分。

《茶经》是世界上第一部茶学专著。全书分上、中、下 3 卷，共 10 篇，7000 余字。

"一之源"考证茶的起源及性状；"二之具"记载采制茶工具；"三之造"记述茶叶种类和采制方法；"四之器"记载煮茶、饮茶的器皿；"五之煮"记载烹茶法及水质品位；"六之饮"记载饮茶风俗和品茶法；"七之事"汇辑有关茶叶的掌故及药效；"八之出"列举茶叶产地及所产茶叶的优劣；"九之略"指茶器的使用可因条件而异，不必拘泥；"十之图"指将采茶、加工、饮茶的全过程绘在绢素上，悬于茶室，使得品茶时可以亲眼领略茶经之始终。

《茶经》是中国第一部系统地总结唐代及唐代以前有关茶事的综合性茶业著作，也是世界上第一部茶书。陆羽对唐代及唐代以前的茶叶历史、产地、茶的功效、栽培、采制、煎煮、饮用的知识技术都做了阐述，茶叶生产从此有了比较完整的科学依据。

《茶经》在当时就已竞相传抄，当时卖茶的人甚至将陆羽塑成陶像置于灶上，奉为茶神。

《武经总要》：中国第一部新型兵书

《武经总要》是中国第一部规模宏大的官修综合性军事著作，对于研究宋朝以前的军事思想非常重要。书中大篇幅介绍了武器的制造，对科学技术史的研究也很重要。

北宋前期，为了边防的需要，朝廷大力提倡文武官员研究历代军旅之政及讨伐之事，并组织编纂出中国第一部新型兵书《武经总要》。

《武经总要》作者为宋仁宗时的文臣曾公亮和丁度，用了5年的时间编成。该书分前、后两集，每集20卷。

前20卷反映了宋代军事制度，包括选将用兵、教育训练、部队编成、行军宿营、古今阵法、通信侦察、城池攻防、火攻水战、武器装备等，特别是在营阵、兵器、器械部分，每件都配有详细的插图，使得当时各种兵器装备生动形象，是研究中国古代兵器史的宝贵资料。

后20卷辑录有历代用兵故事，保存了很多古代战例资料，分析品评了历代战役战例和用兵得失。

《武经总要》反映了宋仁宗时期宋王朝军事思想上的某些积极变化。北宋为防止地方割据，将帅专权，将将帅的统兵权和作战计划的制定权都收归皇帝直接统辖，但矫枉过正，结果弄得将不知兵，兵不识将，导致仗仗失利，节节败退。而《武经总要》中则重新重视和强调古代《孙子兵法》等兵书中用兵"贵知变""不以冥冥决事"的思想，这在宋代军事史上是难能可贵的，只是北宋后来的统治者并没有遵循和实践这种用兵思想。书中还十分注重人在战争中的作用，主张"兵家用人，贵随其长短用之"，注重军队的训练，认为并没有胆怯的士兵和疲惰的战马，只是因训练不严而使其然。

床弩，又称床子弩，是在唐代绞车弩的基础上发展而来的。它将两张或三张弓结合在一起，大大加强了弩的张力和强度。张弩时用粗壮的绳索把弩弦扣连在绞车上，战士们摇转绞车，张开弩弦，安好巨箭，放射时，用大锤猛击扳机，机发弦弹，把箭射向远方。

《武经总要》里记录的这种使用复合弓的床弩有八种，其中威力比较强大的是三弓床弩。

弩臂前端安两张弩弓，后面安一张。由于这类床弩力量更强，所以又叫"八牛弩"，表示用八头老牛的力量才能拉开它。一般需20—100人才能开弩，射程在200—300步，即370—560米。

三弓床弩使用的弩箭有粗壮的箭杆和铁制的箭羽，前端装有巨大的三棱刃铁镞，因为它的大小和一般士兵使用的长枪差不多，所以又叫"一枪三剑箭"。

它还被称为"踏橛箭"，这是因为它有一种特殊的功能，即在攻打敌方城堡时，将粗大的三弓弩箭射向敌方城墙，使弩箭的前

端深深插入墙内，只留半截粗大的箭杆和尾羽露在墙外，攻城的士兵在己方的掩护下可攀着这些射插在墙上的巨大箭杆登上城墙，攻陷城池。这种巨大的弩箭由此变成了攻城者攀登的踏橛，因此又有了"踏橛箭"的名称。

《梦溪笔谈》：中国古代的百科全书

《梦溪笔谈》是北宋科学家沈括的笔记体著作，详细记载了自己的所见所闻和见解，反映了古代特别是北宋时期自然科学的辉煌成就，被世人称为"中国科学史上里程碑"。

沈括，字存中，号梦溪丈人，是北宋著名的科学家、改革家。沈氏家族世代为官，沈括从小就跟随在外做官的父亲四处奔波，饱览了华夏大好河山和风俗民情，视野和见识都比同龄孩子开阔得多，兴趣爱好也广泛得多。沈括18岁时，父亲的去世使家计变得艰难。他被迫外出谋生，到海州沭阳县当了主簿。沈括的从政生涯由此开始，政务占据了他大部分的时间。但无论何时，他都没有放弃过科学研究。

沈括一生为官，四处漂泊，几乎走遍了大半个中国。晚年他退出政坛，隐居在他以前购置的园地——梦溪园潜心著述，终于写出伟大的科学巨著《梦溪笔谈》。该书有多种外语译本，被西方学者称为"中国古代的百科全书"。

《梦溪笔谈》包括"笔谈""补笔谈""续笔谈"三部分，内容涉及天文、数学、物理、化学、生物、地质、地理、气象、医药、农学、工程技术、文学、史事、音乐和美术等。

《梦溪笔谈》属于笔记类，它以多于三分之一的篇幅记述并阐发自然科学知识，这在笔记类著述中是少见的。因为沈括本人科学素养很高，他所记述的科技知识也就具有极高的价值，基本上反映了北宋的科学发展水平和他自己的研究心得。

最早给石油以科学命名的是中国北宋著名科学家沈括。人类很早就发现了石油，但一直没有准确的命名。历史上，国外称石油为"魔鬼的汗珠""发光的水"等，中国称"石脂水""猛火油""石漆"等。

有一次，沈括在书中读到"高奴县有洧水，可燃"，觉得很奇怪，"水"怎么可能燃烧呢？于是他进行实地考察，并发现了一种褐色液体，当地人叫它"石漆""石脂"，用它烧火做饭、点灯和取暖。沈括弄清楚这种液体的性质和用途后，命名为石油，并动员老百姓推广使用，从而减少砍伐树木。

沈括在其著作《梦溪笔记》中写道："鄜、延境内有石油……颇似淳漆，燃之如麻，但烟甚浓，所沾幄幕甚黑……此物后必大行于世，自余始为之。盖石油至多，生于地中无穷，不若松木有时而竭。"沈括发现了石油，并且预言"此物后必大行于世"，是非常难得的。"石油"这个名词至今还在使用。

《西游录》

耶律楚材随成吉思汗西征，在西域滞留了6年，回来后写成《西游录》。这是元人关于西域见闻的游记，对了解13世纪新疆及中亚伊斯兰教各民族的概况有参考价值。

13世纪初，成吉思汗率20万大军西征中亚花剌子模国（位于今日中亚西部地区的古代国家，位于阿姆河下游、咸海南岸，今日乌兹别克斯坦及图库姆斯坦两国的土地上）。耶律楚材以书记官和星相占卜家的身份应召前往。公元1218年3月，耶律楚材自永安出发，过居庸关，经武川，出云中（今大同），到达天山北面成吉思汗营地。第二年随军西行，越阿尔泰山，过瀚海，经轮台、和州（古高昌），更西行经阿里马、虎司斡鲁朵、塔剌思、讹打剌、撒马尔罕，到达花剌子模国首府今布哈拉，行程达6万里。耶律楚材在西域达6年之久，回来后写成《西游录》。

《西游录》自序说明了耶律楚材写这本书的原因，他从征回燕京后，许多人向他询问西域的情形。他烦于一一应对，就写了《西游录》。

《西游录》分上下两部分。上篇记西行道路、山川、物产、城市等，对了解13世纪新疆及中亚伊斯兰教各民族的概况有参考价值。下篇设为问答，较多地介绍了长春真人丘处机在西域的情形及异同。耶律楚材信佛，长春真人信道，耶律楚材以佛教立场批驳了全真道首丘处机。

当时中原人与西域即今中亚地区之间交往频繁，但史书所记的大多是政治、军事方面的内容，所以13世纪前，人们对西域的人情、地理、风俗，了解得非常少。耶律楚材的《西游录》提供了较为详细的情况。他居西域6年，文中所记的除了印度到可弗叉国一段得自传闻，其余都是自己亲身经历。耶律楚材没有拘泥于概貌介绍，而是以流畅自然的文笔，着重点出了每一地的特色，比较生动地反映了700多年前西域的自然景色和人民的生活情形。

文中所记今中国境外部分，现为吉尔吉斯斯坦、哈萨克斯坦、乌兹别克斯坦、塔吉克斯坦和土库曼斯坦5个中亚国家，再往西便是俄罗斯。这一带在元代是蒙古族统治的钦察汗国。

《直指算法统宗》：算盘的用法

中国是世界四大文明古国之一。数学同天文学、医学等学科一样，是中国古代科学中一门重要的学科，其发展源远流长，成就辉煌。直至明朝中期，中国在数学方面仍然居于世界领先水平。中国古代的计算工具，以算盘为主，因此数学方面的成就几乎都和算盘有关系。《直指算法统宗》详细记载了算盘的用法和许多运算口诀，是中国古代流传最广的一部数学书。

程大位，出生在明嘉靖年间，少时读书广泛，对数学、诗文、书法颇感兴趣。20岁左右开始经商生涯，因商业上的需要，对数学很有兴趣。少时随父外出经商，遨游吴楚，博访闻人达士，遇有"耆通数学者，辄造访问难，孜孜不倦"。其间广泛收集古今数学著作与民间算法，遇有疑义则请教问难，从而积累了丰富的数学知识。程大位在商务往来中，为了方便计算，决心编撰一部简明实用的数学书以助世人之用。为实现自己的远大抱负，他不惜重金购求遗书。

程大位40岁时，倦于外游，便弃商归故里，致力于数学研究。他认真钻研古籍，撷取名家之长，历经20年，于明万历壬辰年（公元1592年）写就巨著《算法统宗》17卷。其后6年，又对该书删繁就简，写成《算法纂要》4卷，成为后世民间最广泛流传的版本。

这两部巨著是中国古代最完善的珠算经典之作，开创了珠算计数的新纪元。

《新编直指算法统宗》简称《算法统宗》，是明代数学家程大位之著作。《算法统宗》详述了传统的珠算规则，确立了算盘用法，完善了珠算口诀，搜集了古代流传的595道数学难题并记载了解决方法，堪称中国16—17世纪数学领域集大成的著作。

《算法统宗》，以《九章算术》体例为宗，冠以珠算知识，附以难题杂法，内容广泛。全书共17卷，万历二十年（公元1592年）刻印。前两卷介绍数学常识与珠算知识，其中珠算加法及归除口诀，与现今口诀相同。乘法以"留头乘"为主，除法以"归除法"为主，为后世珠算长期所沿用。卷三至卷十二为应用问题解法汇编，各卷以《九章算术》篇名为标题，依次分列方田、粟布、衰分、少广、分田截积、商功、均输、盈朒、方程、勾股十类传统算法，构成全书主体。卷十三至卷十六为"难题"汇编，仍依九章分类，用诗词形式表达算题。卷十七为"杂法"，介绍了民间算法"金蝉脱壳"及珠算式的笔算"一笔锦"。此外还有"铺地锦""一掌金"（一种指算法）以及各种幻方（纵横图）等。末附"算学源流"，列出北宋元丰七年（公元1084年）以来各种数学书目，共51种，对了解当时数学书的传布情况很有参考价值。

《算法统宗》全书共595个问题，绝大多数是从其他数学著作如刘仕隆《九章通明算法》和吴敬《九章算法比类大全》等书中摘录的。搜集当时算法较为完备，在当时同类珠算著作中是较好的一部。

在中国古代数学的发展过程中，《算法统宗》是一部十分重要的著作，流传极为广泛和长久，对中国在民间普及珠算起了很大的作用。明朝末年，还传入朝鲜、日本及东南亚各地，对这些地方传播珠算也起了重要的作用。

《九章算法比类大全》

数学作为中国古代的科学门类，有着辉煌的历史。在春秋时期，由于计数的需要，就已经有了数学的萌芽。当时出现的各种规则或者不规则的形状的陶器，就是几何学的雏形；而结绳记事和甲骨文上出现的计数单字说明计数也已经产生了。数学后来经过历代的发展，经历了数学框架的成立、发展的高潮，逐渐成熟，成为一门独立的学科。然而，到了明朝，由于思想禁锢严重，八股取士的限制，极少有人关心数学。就在这样的环境中，吴敬依然写成了《九章算法比类大全》这本数学著作。

吴敬，中国明朝数学家，生于浙江仁和。吴敬生活的时代，数学研究处于低潮，在宋元时期蓬勃发展的天元术已销声匿迹。虽然明朝思想禁锢严重，无人关心数学，但是明朝的海内外贸易兴盛，为商业数学的发展提供了沃土。吴敬曾担任浙江布政使司的幕府，掌握全省田赋和税收的会计工作。他是浙江一带有名的数学家，对当地的商业活动又十分熟悉，因此许多官吏"皆礼遇而信托之"，请他解决商业中的各种数学问题。明朝曾下令严禁民间私习天文历算，因此一般士子视数学研究为畏途，像《九章算术》之类的古典，在入明百年后几近于失传。吴敬曾"历访《九章算术》全书，久未得见"。

吴敬研究了部分《九章算术》和当时有的一些经典著作，加之在实践中积累的经验，花费了10年的时间，于公元1450年写成一部杰出的应用数学著作——《九章算法比类大全》。这部著作对后世影响很大。程大位的《算法统宗》也受到了吴敬的影响。

《九章算法比类大全》简称《算法大全》，共10卷，1329道题。卷首列举了大数记法、小数记法、度量衡、整数及分数四则运算的法则、名词解释等，并给出100多道例题。卷1到卷9是1000多道应用题的解法汇编。各卷名称和顺序与《九章算术》基本相同，即方田、粟米、衰分、少广、商功、均输、盈朒、方程、勾股。每卷的最初几个问题主要引自杨辉的《详解九章算法》、刘徽的《海岛算经》和王孝通《缉古算经》中的问题，称为"古问"；然后是大量结合当时生产、生活实际的应用题，称为"比类"。卷10专论开方，包括开平方、开立方、开高次方以及二次、三次方程的解法。

《算法大全》一书有两个显著特点。第一，吴敬是把各种应用题按"九章"名义分类的。他认为一切应用问题都是《九章算术》中问题的演变，解题方法在原则上也与《九章算术》一致。第二，《算法大全》中有不少与商业资本有关的应用题，如价格、税务、利息、合伙经营、就物抽分（以货物作价抵偿运费或加工费）等，反映了资本主义萌芽时期商品经济的发展。

中国传统数学向来用筹算而不用笔算，该书首次介绍了从阿拉伯国家传入的笔算乘法，吴敬称之为"写算"，后来程大位称之为"铺地锦"。具体方法是：根据相乘两数的位数画好方格，然后按同一方向画出方格的对角线。计算时先将被乘数和乘数分别写在方格的上方和右方，再用右数依次乘上数各位，并把乘积的十位数写于相应的对角线之上，个位数写于对角线之下，最后按对角线斜行相加，便得乘积。

《算法大全》没有继承宋元的数学成就，但通俗易懂，而且密切联系实际，所以有较大的实用价值，深受群众欢迎。

《天工开物》：工艺百科全书

中国古代工艺是中华民族造型艺术的重要组成部分，既体现了工艺美术的一般本质特征，在内涵和形式上保持着实用性与审美性的统一，又显示了中华民族文化自身所具有的鲜明个性。古代工艺有着悠久的发展史，从新石器时代开始，劳动人民就发明了陶器，使之成了最早的手工艺品。智慧的劳动人民渐渐不满足于物品的实用性，开始运用自己的聪明才智，将物品变为了工艺品。明代的宋应星将古代人民智慧的结晶总结起来，写成了第一部综合了农业和手工业的著作《天工开物》。

宋应星（1587—1661年），字长庚，江西南昌奉新北乡（今宋埠乡）人，明末清初科学家。宋应星出身于书香世家，其曾祖父官至南京吏、工、兵三部尚书，一生为官清廉，被称为有"古大臣之风"，其曾祖父对宋氏影响很大。宋应星的祖父青年早夭，父亲在库14年，终身为秀才，未出仕。在书香门第长大的宋应星从小就聪颖好学，有过目不忘的本领，深得老师及长辈的喜爱。

后来，他与哥哥一起考入当地县学。熟读经史及诸子百家，他在程颐、程颢、周敦颐、朱熹及张载这几位大家中，独推张载的关学，从中接受了唯物主义自然观。他对天文学、声学、农学及工艺制造之学有很大兴趣，曾熟读过李时珍的《本草纲目》等书，唯独不喜欢八股文。

封建科举制度的弊端让宋应星的仕途一再受挫。经历了几次科举考试之后，宋应星就打消了做官的念头，体会到终生埋头书本而缺乏实际知识是最大的无知。再加上宋应星本就喜欢那些"旁门左道"（当时人们认为手工艺是三教九流，登不得大雅之堂），因此他下定决心彻底放弃科举，转向实学，开始钻研与国计民生有切实关系的科学技术。多次的会试经历，虽然没有成全宋应星当官的愿望，但是在赶考的漫长旅途中，他行程数万里，对南北各地的农业和手工业生产做了大量详细的科学考察，收集了丰富的资料。

崇祯八年（公元1635年），宋应星到袁州府分宜县当老师。这是宋应星一生中最重要的阶段，他的主要著作都在此期间撰写。他利用课余时间，及时记录下有关工农业生产的技术知识，这些都是《天工开物》创作的源泉。

明代科学家宋应星著的《天工开物》是世界上第一部关于农业和手工业生产的综合性著作。它对中国古代的各项技术进行了系统的总结，构成了一个完整的科学技术体系，被国外誉为"中国十七世纪的工艺百科全书"。

《天工开物》所述几乎包括了社会全部生产领域，各章先后顺序的安排是根据"贵五谷而贱金玉"的原则做出的。《天工开物》详细叙述了各种农作物和工业原料的种类、产地、生产技术和工艺装备，以及一些生产组织经验，既有大量确切的数据，又绘制了123幅插图，描绘了130多项生产技术和工具的名称、形状、工序。全书分上、中、下三卷。

上卷有6章，多与农业有关。"乃粒"主要论述稻、麦以及黍、稷、粱、粟、麻、菽（豆类）等粮食作物的种植、栽培技术，以及有关生产工具等；"乃服"包括养蚕、缫丝、丝织、棉纺、麻纺和毛纺等生产技术，以及工具、设备、操作要点，特别着重于浙江嘉兴、湖州地区养蚕的先进技术及丝纺、棉纺，给出了大提花机的结构图；"彰施"介绍了各种植物染料和染色技术；"粹精"叙述稻、麦等的收割、脱粒及磨粉等农作物加工技术及工具，偏重介绍稻谷加工所用的风车、水碓、石碾、土砻、木砻及制面粉的磨、罗等；"作咸"

论述海盐、池盐、井盐等盐产地及制盐技术；"甘嗜"主要叙述甘蔗种植、制糖技术及工具，同时论及蜂蜜及饴饧（麦芽糖）。

中卷共 7 章，内容包括砖瓦、陶瓷的制作，车船的建造，金属的铸锻，煤炭、石灰、硫黄、白矾的开采和烧制，以及榨油、造纸方法等。

下卷共 5 章，主要记述金属矿物的开采和冶炼，兵器的制造，颜料、酒曲的生产以及珠玉的采集加工等。

每章所述内容不是平铺并列，而是有主有次，选择重要产品为上卷记载，将不关乎国计民生的珠玉放到最后一章，可见作者是重农、重工、重实用的。

《天工开物》是世界上第一部关于农业和手工业生产的综合著作，对中国古代的各项技术进行了系统的总结，构成一个完整的技术体系，受到高度评价。

《矿学真诠》

中国封建社会有着悠久的历史文化，在世界上占着举足轻重的位置。从汉朝开始中国就已经有了对外交流，在长期的对外交往中，形成了重礼仪、重往薄来的外交原则。明朝中期之前，中国始终以世界大国的姿态屹立在世界的东方，但是随着资本主义的兴起，中国逐渐落后于其他国家。尤其是在 1840 年之后，英国用坚船利炮打开中国的大门，让中国人看到了自己的不足，开始向国外学习。王汝淮就是其中的一位。王汝淮曾到英国留学，主要学习采矿学。

清朝自道光年间开始，就屡受西方列强的欺侮。第一次鸦片战争后，英国强迫清政府签订了丧权辱国的《南京条约》，要求清政府割地赔款，并开放通商口岸等。清政府不仅丧失了国家独立自主权，而且管理本国经济的权利也被他国抢去。中国进入了半殖民地半封建社会。西方列强在政治上干涉中国内政，在经济上压迫民族经济，在军事上威胁迫害。

采矿业作为当时的重要经济支柱，成了西方列强的必争之地。4000多年前，中国人民已经开采铜矿石炼铜。到殷商末年，已经铸造出1750斤重的后母戊鼎。随着炼制青铜的需要，锡、铅矿也被开采使用。3000多年前，中国人民开始用陨铁。春秋战国时期，人们已经掌握了铸铁技术，出现了块炼渗碳钢，铁工具已经在农业和手工业生产中使用。可见中国在春秋战国时期就已经有了采矿业。中国虽然有着悠久的采矿历史，但是采矿技术并不发达。采矿费时、费力，而且利用率极低。尤其到了明清时期，与西方国家相比更是相差甚远。

《矿学真诠》是介绍国外采矿方法的著作，共13卷。王汝淮认为，中外开矿方法不同，收效相差很大。中国古代采矿全靠拼人力盲目开挖。事前没有研究布置，成败得失也毫无把握。为了改变这一状况，他把在英国学习到的知识，加上自己的亲自考察所得，汇集成一本书，使中国有心学习的人，不必去拜师求教，读此书即能了解采矿的基本方法。该书对西方近代地质学、矿物学、矿床学和采矿学做了介绍，有很高的实用价值。

《矿学真诠》详细介绍了采矿的各个方面的知识，从勘探方法、打钻、选址、采矿工具到运输、通风、提升、选矿等到做了详细说明，而且通俗易懂。

《矿学真诠》是一部相当详细的采矿学著作，是中国人写的第一部矿学教科书。《矿学真诠》的译名，能如此通俗易懂，作者是花了很多工夫的。王汝淮曾说过："一名之立，往往苦思数日，总以文简意赅，不离其真为主。"可见作者对自己要求非常严格。作为中国近代采矿学创建人，王汝淮当之无愧。

《海国图志》

　　《海国图志》是中国地理学的著作。中国在封建社会一直处在世界的核心位置，因此中国人一直认为自己处在世界的中心位置，其他国家都是海外诸国。这部《海国图志》写的是世界各地和各国的情况。

　　中国一直以"天朝上国"自称，明清时期这种思想更加膨胀，采取了"闭关锁国"的对外政策。长时间的闭关锁国政策，使中国看不到其他国家的发展，盲目自大。

　　1840年，英国用他们的坚船利炮打开了中国的大门。清政府的软弱无能，使战事连连失利。魏源是一个有报国之心的有志之士，见到这样的局面义愤填膺，愤然弃笔从戎，投入两江总督、抵抗派将领裕谦幕府，到定海前线参谋战事。参加到战争中的魏源，看到了清政府的腐败面，也看到了英国的强大武力。

　　1841年8月，魏源在镇江与被革职的林则徐相遇，两人彻夜长谈。两位爱国志士谈心，在编著一本反映世界形势的书籍方面一拍即合。魏源受林则徐嘱托，立志编写一部激励世人、反对外来侵略的著作。他以林则徐主持编译的《四洲志》为基础，广泛搜集资料，编写成《海国图志》50卷。

　　《海国图志》在中国近代史学史上，是第一部较为详尽较为系统的世界史地著作，是一部划时代的巨著。《海国图志》是中国人开始认识世界的标志。《海国图志》在编纂和内容上弥补了《四洲志》和《康輶纪行》等书的缺憾，初步形成了自己的结构和理论方法。《海国图志》以介绍各国地理为主，但不局限于地理，广及历史、政治、技术等多方面，堪称一部世界知识百科全书。

　　书中征引中外古今近百种资料，系统地介绍了西方各国的地理、历史、政治状况和许多先进的科学技术，如火轮船，地雷等新式武

器的制造和使用。所记各国气候、物产、交通贸易、民情风俗、文化教育、中外关系、宗教、历法、科学技术等，都超过了前书。所以有人誉《海国图志》为国人谈世界史地之"开山"。

《海国图志》的划时代意义，还在于给闭塞已久的中国人以全新的近代世界概念。鸦片战争使中国受到了很大的打击，同时也使中国的知识分子看到了国外的先进技术。鸦片战争爆发前，妄自尊大的清廷皇帝和达官显贵，甚至不知英国在何方。

《海国图志》的刊出，打破了这种闭锁、无知的状况，首先突破"中国是天下中心"的陈腐落后观念，代之以近代意义的世界观念。在地图的安排上，先地球全图，标明世界各国在地球上的位置；接着各洲总图；最后才是各国分图。这种层次分明的安排，完全突破"中土居大地之中"的旧观念。

其次，《海国图志》传播了近代地理知识。魏源在《海国图志·地球天文论》中，介绍了当时较为先进的世界知识，如地球形状、潮汐理论、雷电成因、地球经纬度、南北二极、四季成因等。还有就是介绍了全新的世界地理知识。如书中所用香港英国公司绘制的地图，"在当时实为最详尽之世界地图"。

当时的中国人通过《海国图志》这一望远镜，开眼看世界，既看到了西洋的"坚船利炮"，又看到了欧洲国家的商业、铁路交通、学校等情况。这使中国人跨出了"国界"，开始认识近代世界的新鲜事物。